365天 365道！快手常備菜

便當菜、下飯菜、爽口小菜，
冰箱保存，隨取隨吃

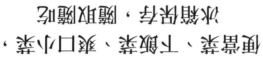

macaroni ◎著

寫在前面

相信應該有不少人每天為了沉重的家事、育兒和工作團團轉，完全沒有思索每日菜單，甚至輕鬆烹調的時間。

這裡要介紹的「常備菜」，能幫助大家輕鬆煮好每天的料理，並且思考每天要吃什麼。只要利用週末一些時間先做好，不管是每天早上的便當菜，或是晚上回家做晚餐，又或是中餐的配菜，都能游刃有餘地完成。

本書是將生活風格媒體「macaroni」的料理家，以及受歡迎的IG網紅們的原創食譜集結成冊。內容充滿了那些每天面對料理的人們的經驗與想法。

在這本書裡，你一定可以找到自己喜歡的料理食譜，對每天的菜單搭配一定會有極大的助益。

macaroni

macaroni 誠心推薦

365 道做法 簡單又美味的 常備菜食譜

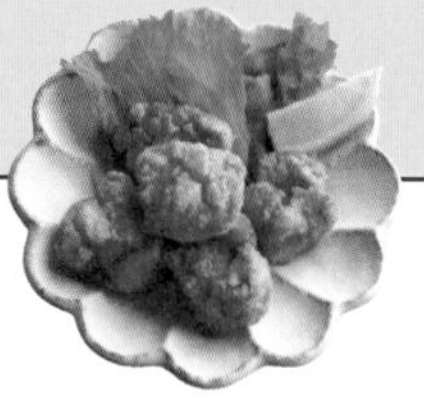

① 提前做好菜，其他家務更輕鬆

休假時，可以預先做好一些平日要吃的料理。若能提前準備好，那在忙得不可開交的平日，做菜也能變得不費力。

② 是最佳的便當菜

常備菜也能當作便當菜喔！不僅可以當成主菜，也是配菜不錯的選擇。

③ 集結了 macaroni 中最夯的常備菜食譜

書中收錄了許多日本生活風格媒體 macaroni 中的超人氣常備菜做法，讓讀者有更多選擇。

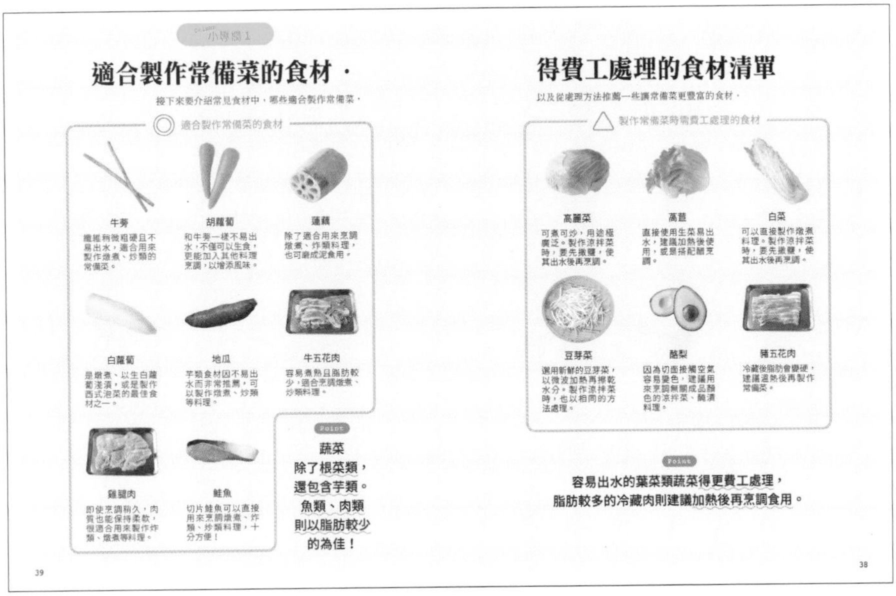

小專欄1
適合製作常備菜的食材．
接下來要介紹常見食材中，哪些適合製作常備菜．
適合製作常備菜的食材
牛蒡
纖維稍微粗硬且不易出水，適合用來製作燉煮、炒類的常備菜。
胡蘿蔔
和牛蒡一樣不易出水，不僅可以生食，更能加入其他料理烹調，以增添風味。
蓮藕
除了適合用來烹調燉煮、炸類料理，也可磨成泥食用。
白蘿蔔
是燉煮、以生白蘿蔔淺漬，或是製作西式泡菜的最佳食材之一。
地瓜
芋類食材因不易出水而非常推薦，可以製作燉煮、炒類等料理。
牛五花肉
容易煮熟且脂肪較少，適合烹調燉煮、炒類料理。
雞腿肉
即使烹調稍久，肉質也能保持柔軟，很適合用來製作炸類、燉煮等料理。
鮭魚
切片鮭魚可以直接用來烹調燉煮、炸類、炒類料理，十分方便！
Point
蔬菜
除了根菜類，
還包含芋類。
魚類、肉類
則以脂肪較少
的為佳！
39
得費工處理的食材清單
以及從處理方法推薦一些讓常備菜更豐富的食材．
製作常備菜時需費工處理的食材
高麗菜
可煮可炒，用途極廣泛。製作涼拌菜時，要先撒鹽，使其出水後再烹調。
萵苣
直接使用生菜易出水，建議加熱後使用，或是搭配醋烹調。
白菜
可以直接製作燉煮料理。製作涼拌菜時，要先撒鹽，使其出水後再烹調。
豆芽菜
選用新鮮的豆芽菜，以微波加熱再擰乾水分。製作涼拌菜時，也以相同的方法處理。
酪梨
因為切面接觸空氣容易變色，建議用來烹調無關成品顏色的涼拌菜、醃漬料理。
豬五花肉
冷藏後脂肪會變硬，建議溫熱後再製作常備菜。
Point
容易出水的葉菜類蔬菜得更費工處理，
脂肪較多的冷藏肉則建議加熱後再烹調食用。
38

分享許多小專欄訊息，
提供滿滿的常備菜製作小知識。

例如……

第一次做常備菜
的新手
≫ 參照 p.14
製作常備菜的製作原則

雖然有製作過常備菜，但是技術不太好
的人
≫ 參照 p.210
常備菜更美味的小訣竅

頻繁製作常備菜
的人
≫ 可以隨手翻到自己喜歡的料理開始製作。

⇦ 馬上開始製作常備菜囉！

目錄

Contents

4月

5月

6月

7月

8月

9月

10月

11月

12月

掌握這些常備菜的製作原則

想要安心食用常備菜，那一定要遵守以下的原則。
即使是一些小細節，但只要確實做到，
都能提升常備菜的美味，並且延長保存期限。

烹調

① 肉類、魚類要完全煮熟

絕對不可以抱著「反正吃的時候還會再微波加熱，所以煮差不多熟就可以了」的想法。肉類、魚類只烹煮或烘烤半熟容易引起食物中毒。如果使用生食材，一定要完全煮熟之後再保存。

② 嘗一口再加入鹽調味

食材在保存的過程中，會發生因鹽分滲入料理而變鹹的情況。有時即使在製作時覺得口味有點淡，但真正吃的時候味道卻剛剛好，所以注意不要加太多鹽。如果吃的時候覺得太淡，再加入調味料即可。

③ 盡可能快速移至保存容器

煮好的菜若是持續處於溫熱的狀態，很容易腐敗或餿掉。此外，剛煮好就直接放入冰箱，冰箱內的溫度會上升，所以一定要冷卻之後才能放入冷藏。夏天時，也有人會連同烹調的鍋子、平底鍋以冰水冰鎮，使菜降溫。

保存・分取食物

① 隔絕空氣保存

保存時若料理接觸到空氣，會因氧化而導致料理加快腐敗。因此，保存時要確實蓋緊容器的蓋子，並且以乾淨的料理筷、湯匙迅速分取食物。

② 避免再次冷凍

反覆冷凍、解凍的過程中，容易引起食物中毒，所以冷凍過的料理，不可以再次冷凍後食用。無法一次吃完的料理建議可以先分成數份，再放入冷凍為佳。

③ 料理要長時間保存，容器必須以酒精消毒或煮沸消毒

盛裝料理的容器，必須先噴過廚房用酒精清潔噴霧（可用於食器的），或是煮沸消毒後才能安心使用。另外，容器中殘留水分易使食物腐敗，所以要確實擦乾後再盛入料理。

煮沸消毒法

如果密封瓶、罐有金屬扣夾、橡膠密封圈等細部配件，建議煮沸消毒。以下介紹幾種消毒方法。

Step 1 »

清洗瓶身和蓋子，然後放入鍋中。

Step 2 »

倒入足以蓋過瓶子的水量煮滾，再持續煮5～8分鐘。

Step 3

取出放在廚房紙巾上面，等待確實乾燥。

※ 如果瓶子太大無法放入鍋中，噴廚房用酒精清潔噴霧消毒即可。

酒精消毒法

Step 1 »

將廚房用酒精清潔噴霧噴在容器上。

Step 2

用廚房紙巾擦拭乾淨。

製作常備菜的必備工具

這裡介紹製作書中的常備菜所需的器具！

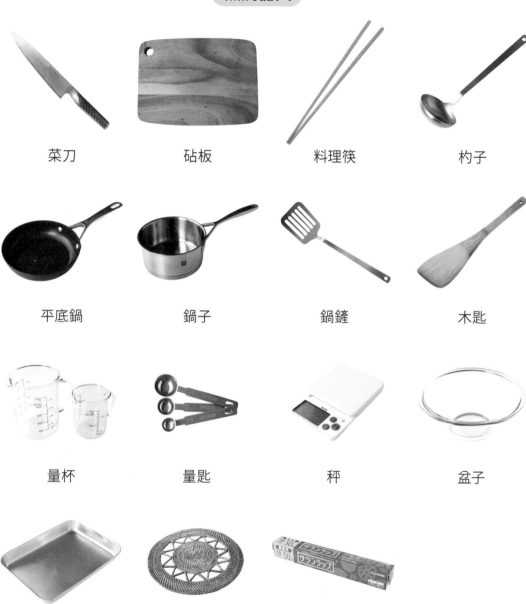

烹調器具

菜刀

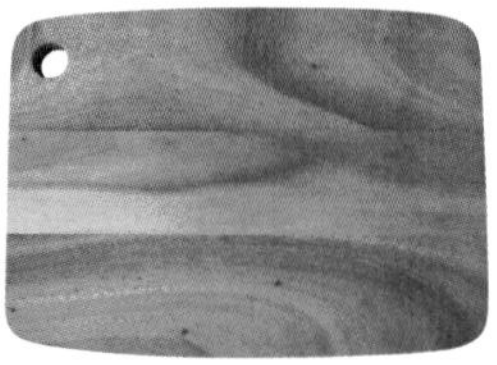
砧板

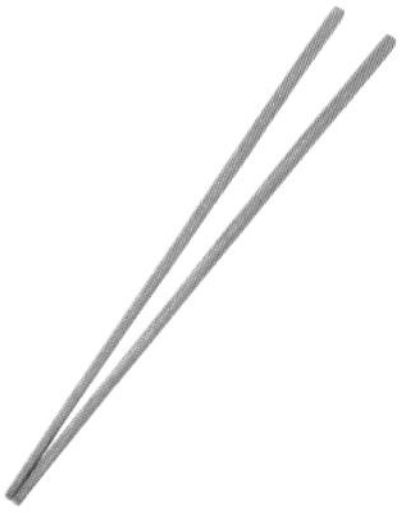
料理筷

杓子

平底鍋

鍋子

鍋鏟

木匙

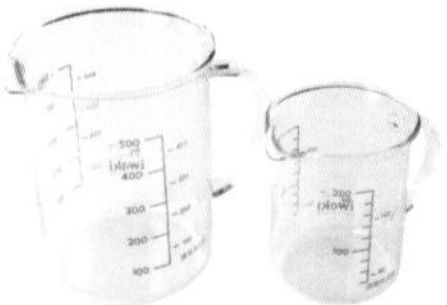
量杯

量匙

秤

盆子

鐵盤

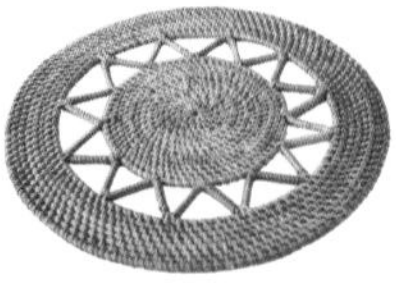
鍋墊

保鮮膜

保存器具

保存容器

珐瑯容器

因爲不易染色與滲入味道，適合用於所有料理。不可以用微波爐加熱，所以要加熱時，必須將食用分量舀入耐熱容器中微波。

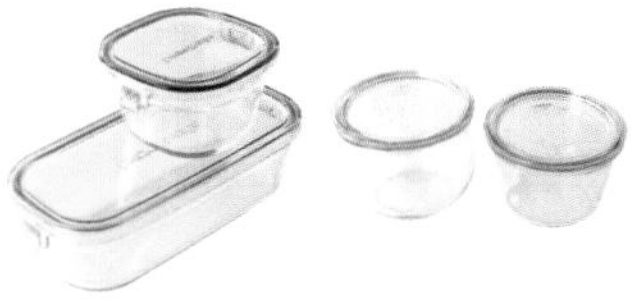

玻璃容器

可以密封的玻璃容器，很適合盛裝沾醬、醬汁或醃漬料理等。也可以盛裝要烘烤的料理。

塑膠容器

比較容易染色且滲入味道，多用在油炸和淺色料理。務必使用耐熱的塑膠容器盛裝料理（加熱必須確認），才可以直接放入微波爐中加熱。

矽膠杯・鋁箔杯

可以分裝小菜放在便當中。如果要以微波爐加熱，要選用矽膠杯；以烤箱烘烤時，則要使用鋁箔杯。

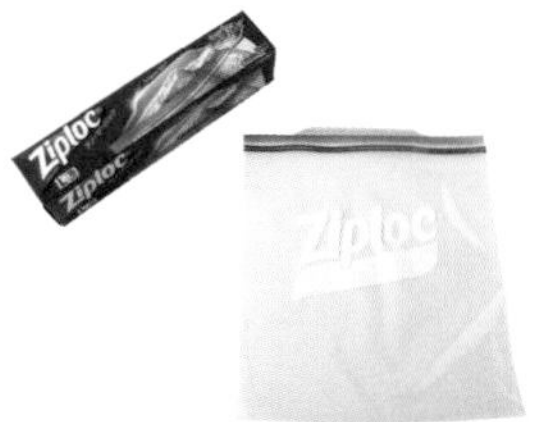

密封保鮮袋

用在預先調味保存的冷凍料理。

其他

消毒用品

酒精

用於保存容器、分裝容器的消毒，要選擇可食用的廚房用酒精清潔噴霧。

分裝

乾淨的器具

分裝料理的器具，應使用不會碰到嘴巴的乾淨器具。

標籤紙

紙膠帶和筆

將料理放在冰箱冷藏保存時，可貼上寫好製作時間、內容物的貼紙，食用時，拿取更方便。

本書的使用方法

日期
製作常備菜的時間。

常備菜種類

- 肉　使用肉類烹調的菜
- 魚　使用海鮮烹調的菜
- 蔬菜　使用蔬菜烹調的菜
- 蕈姑　使用蕈姑烹調的菜
- 飯　可當成拌飯料、主食、配飯菜的食譜
- 麵　使用麵條的食譜
- 甜點　使用水果的食譜
- 其他　使用蛋烹調的菜或醬汁等

帳號
是指某一道食譜設計者的 Instagram 帳號。如果沒有載明的話，表示這道菜是 macaroni 設計的食譜。

Point
製作常備菜的小訣竅和重點。

保存＆食用時
說明保存方法，或者食用時的解凍方法、烹調方法。

便當記號
說明是否可以當成便當菜食用。

保存方法和期限
建議的保存方法，以及至少在某個期限內要食用完畢。在冷凍的情況下，也有烹調到一半，拿來製作拌飯料的食譜。冷藏是建議在冷藏庫保存期間吃完，冷凍則是建議在冷凍庫保存期間食用完畢。

所需時間
製作這道常備菜至少所需的時間。時間估算並不包括冷卻、降至常溫、醃漬等時間。

製作本書常備菜的注意事項

- 火候…如果沒有特別說明，以中火加熱爲主。
- 微波爐…以 600W 加熱爲基準。當以其他瓦數加熱時，可以參照 p.249 的瓦數對應簡易一覽表操作。由於使用的微波爐機種不同，建議一邊加熱一邊觀察食物的熟熱程度，並加以調整。
- 小烤箱…以 1000W 加熱爲基準。
- 計量…1 大匙＝ 15 毫升，1 小匙＝ 5 毫升。調味料中的 1 小撮，是指用大拇指、食指和中指夾取的量。少許是大約 1/4 ～ 1/2 小匙的量。
- 大蒜和薑…1 瓣約 10 克，但若使用泥製品，需要 1 大匙（15 克）。
- 奶油…如果沒有特別說明，則是使用無鹽奶油爲主。
- 關於材料…食譜中會省略清洗蔬菜、削除外皮、去掉蒂頭、切掉根部和去掉果核等步驟。
- 浸泡水和醋水…在需要浸泡水、醋水以去除澀味的食譜中，水或醋水的量不包含在材料中。此外，浸泡之後要充分瀝乾水分，然後再烹調。
- 汆燙…汆燙時使用的水或鹽不包含在材料中。操作時可煮好充足的滾水，再放入食材汆燙。汆燙後取出食材，要確實瀝乾水分後再烹調。

1月
2月
3月

常備菜

01/01

和風醃白蘿蔔梅子

材料（2人份）

白蘿蔔…⅓根（300克）
小顆醃梅子…8個
〈泡菜汁液〉
醋…150毫升
水…100毫升
砂糖…2大匙
鹽…1小匙
昆布…5克
紅辣椒…1根

蔬菜
冷藏 1 週
OK

事前準備

白蘿蔔》切1.5公分（寬、厚）的粗條。
紅辣椒》去籽。

做法

① 煮一鍋滾水，加入少許鹽（材料量之外），先放入白蘿蔔汆燙一下，撈出放在濾網上放涼。
② 取一個小鍋，倒入泡菜汁液的所有材料加熱，煮滾後取出昆布，離火，放涼（至可用手觸摸的溫度）。
③ 將白蘿蔔、醃梅子和做法②倒入消毒好的保存瓶中，蓋上瓶蓋，放入冰箱冷藏醃漬2～3小時。

Point
■ 白蘿蔔汆燙後迅速撈出，是維持清脆口感的關鍵。
■ 也可加入日本柚子的皮、鹽昆布製作喔！

01/02

甜辣奶油炒小干貝杏鮑菇

材料（2人份）

小干貝…150克
杏鮑菇…1包（100克）
蒜泥…1小匙
A
酒…1大匙
味醂…1大匙
砂糖…1大匙
蠔油…1大匙
無鹽奶油…10克

魚
冷藏 2～3 天
OK

事前準備

杏鮑菇》切圓片。

做法

① 奶油倒入平底鍋中加熱，等奶油融化後倒入蒜泥拌炒，待炒出香氣後加入小干貝、杏鮑菇拌炒。
② 等全部食材都炒軟了，加入材料A，炒至醬汁收乾，離火。

Point
■ 除了杏鮑菇，鴻喜菇、舞菇等都是不錯的食材，可以替換製作，就能輕鬆變化料理的風味。

⏱15分鐘

01/03

鮭魚鏘鏘燒

OK

冷凍 2 週

魚

材料（2人份）

鮮嫩鮭魚…3片
鹽、胡椒…少許
鴻喜菇…1包（100克）
洋蔥…½個（100克）

A
酒…1大匙
味醂…2大匙
砂糖…1大匙
調合味噌…2大匙

事前準備

鮮嫩鮭魚≫切3～4等分，撒些許鹽、胡椒。
鴻喜菇≫切掉根部，剝散。
洋蔥≫切1公分寬的月牙片。

做法

① 將材料A倒入食物保鮮袋中，以揉搓的方式使味噌溶解，然後加入鮭魚、鴻喜菇和洋蔥，也同樣稍微揉搓。

② 將鮭魚平放，以免被壓到，擠出保鮮袋中的空氣後密封，整袋攤平，然後對折，放入冰箱冷凍保存。

食用時

將冷凍且維持對折狀態的食材直接放入平底鍋中，加入1大匙水（材料量之外），蓋上鍋蓋燜煮約10分鐘。打開鍋蓋，加入切成大片的高麗菜（材料量之外）炒至收汁，最後加入15克無鹽奶油（材料量之外）迅速拌炒即成。

Point

- 要注意，高麗菜必須最後再放入拌炒，以免料理變得水水的。
- 在完成的料理上加入無鹽奶油，更增添口味層次。

01/04

肉汁飽滿的燉煮漢堡排

OK

冷藏 4~5天

肉

材料（容易製作的分量）

豬牛混合絞肉…400克
洋蔥…1個
蛋…1個
A
麵包粉…½杯
牛奶…3大匙
鹽、胡椒…少許
蕃茄醬…2大匙
橄欖油…½大匙
B
酒…100毫升
砂糖…1大匙
蠔油…100毫升
蕃茄醬…100毫升

事前準備

洋蔥》切碎。
麵包粉》加入牛奶中浸泡。

做法

① 將洋蔥放入耐熱容器中，鬆鬆地包上保鮮膜，以微波爐600W加熱2分鐘，放涼。
② 將做法①、絞肉和材料A放入盆中混合攪拌，摔打至產生黏性，分成8等分，整型成橢圓形，中間以手指按壓一個洞。
③ 橄欖油倒入平底鍋中熱油，排入做法②，以大火煎至兩面微焦且上色，蓋上鍋蓋，以小火燜煎約5分鐘。
④ 加入材料B，以中火煮3分鐘，至醬汁濃稠且食材表面沾附醬汁。可依個人喜好撒上巴西里末。

Point

■ 將含有醋的蕃茄醬加入肉中，可以提高防腐效果，延長漢堡排的保存期限。
■ 蕃茄富含麩胺酸，可以去除肉腥味，並且提升肉汁的鮮美。

01/05

橄欖油漬牡蠣

魚

冷藏 1~2 週

OK

材料（2人份）

牡蠣（加熱用）…200克
鹽…½小匙
酒…1大匙
蠔油…1大匙
大蒜…1瓣
紅辣椒（切圓片）…適量
橄欖油…200毫升

事前準備

牡蠣≫盆中倒入水（材料量之外）、鹽，將所有牡蠣輕輕搓洗，更換2、3次水，徹底洗掉泥砂和髒污，再用廚房紙巾擦乾。

大蒜≫縱切對半。

做法

① 將牡蠣、酒倒入平底鍋中，以大火加熱，加熱至牡蠣出一點水，煮至咕嘟咕嘟沸騰，牡蠣的肉變軟。

② 等水分收乾後改成中火，以畫圈方式淋入蠔油拌炒。等全部食材均勻沾附醬汁，倒入另一個盤中，放涼。

③ 將做法②、大蒜、紅辣椒和橄欖油倒入保存瓶中，蓋上瓶蓋。

Point

■ 醃漬1天以上，食材會更入味喔！

保存

打開瓶蓋後，建議盡快食用完畢。

01/06

麵味露漬酪梨

蔬菜

冷藏 2~3 天

OK

材料（容易製作的分量）

酪梨…1個
大蒜…1瓣
麵味露（3倍縮濃）…60毫升
水…120毫升
芝麻油…1大匙

事前準備

酪梨≫切一小口塊狀。

大蒜≫切薄片。

做法

① 將酪梨、大蒜放入保存容器中。

② 將麵味露、水和芝麻油混拌均勻，倒入做法①中。

③ 將烘焙墊裁剪成符合保存容器大小的尺寸，放入容器內壓在食材上，緊緊蓋上蓋子，放入冰箱冷藏醃漬半天~1天。

Point

■ 如果選用較堅硬的酪梨製作，口感會比較硬；使用稍軟的酪梨的話，則口感軟綿。可依自己的喜好選擇適當的軟硬度。

01/07

烤味噌芥末籽醬杏鮑菇肉捲

肉

冷藏 3~4 天

OK

材料（2人份）

豬梅花薄肉片…200克
杏鮑菇…150克
砂糖…1小匙
法式芥末籽醬…1大匙
味噌…1大匙
沙拉油…1大匙

事前準備

杏鮑菇》縱切4等分。如果是較大朵的杏鮑菇，先橫切一半，再切4等分。

做法

① 將砂糖、芥末籽醬和味噌倒入盆中混拌均勻，塗抹在豬肉表面。

② 在做法①的豬肉片上擺放杏鮑菇，再將豬肉片捲起。

③ 沙拉油倒入平底鍋中熱油，將做法②的肉捲接縫處朝下放入鍋中煎，煎至整個肉捲都上色。蓋上鍋蓋，燜煎約5分鐘。可依個人喜好滴入檸檬汁享用。

Point

■ 捲豬肉片時，要將肉捲接縫處用力按緊，以免散開。

■ 這道料理經過加熱，雖然仍能感受到芥末籽醬的嗆辣風味，但辣度和緩許多，小孩子也能享用。

01/08

辣椒醬美乃滋烤雞柳

肉

冷凍 2 週

OK

材料（食用4次的分量）

雞柳…6條

A
- 酒3大匙
- 韓國辣椒醬…3大匙
- 日式美乃滋…3大匙
- 蒜泥…1小匙
- 芝麻油…1大匙

事前準備

雞柳》切掉筋膜，斜切成一口大小。

做法

① 雞柳放入密封保鮮袋中，放入材料A，從袋子上方揉捏使其入味。

② 將保鮮袋中的空氣確實擠出，再次封緊袋口，將肉分成4等分，放入冰箱冷凍保存。

食用時

從冷凍庫取出，放在常溫下約30分鐘解凍。沙拉油倒入平底鍋中熱油，放入輕輕擦掉醬汁的雞柳，以中小火將肉兩面都煎約2分鐘，接著倒入剩下的醬汁，煮至收汁即成。

01/09

芝麻拌雞柳菠菜

材料（2人份）

雞柳…3條（180克）
鹽…少許
酒…2大匙
菠菜…1把
A
炒熟白芝麻…3大匙
砂糖…2大匙
醬油…1½大匙

蔬菜
冷藏 2~3天
OK

事前準備

雞柳≫去掉筋膜。
菠菜≫包上保鮮膜，以微波爐600W加熱約2分鐘，撕開保鮮膜，放入水中泡，撈出瀝乾水分，切3公分長。
白芝麻≫用研磨缽研磨。

做法

① 將雞柳放入耐熱容器中，撒入鹽、酒，鬆鬆地包上保鮮膜，以微波爐600W加熱2分30秒。取出後立刻打開保鮮膜，讓蒸氣散出，放涼。
② 用手將雞柳剝成細絲，和菠菜排在一起，再加入材料A混拌均勻即成。

Point
■ 雞柳加熱過度的話，口感會柴柴、乾巴巴的，所以烹調時要特別留意。

01/10

不用炸的蝦排

材料（2人份）

蝦仁…130克
鱈寶（鱈魚豆腐）…1片
洋蔥…¼個
A
酒…1小匙
鹽、胡椒…少許
雞高湯粉…1小匙
太白粉…2大匙
日式美乃滋…1大匙
麵包粉…適量
沙拉油…適量

魚
冷藏 2~3天
OK

事前準備

蝦仁≫挑出背部的蝦腸，切碎。
洋蔥≫切碎。

做法

① 將蝦仁、撕成小塊的鱈寶、洋蔥和材料A放入盆中，充分抓拌揉捏。
② 分成8等分，分別整型成扁圓形，均勻沾裹麵包粉。
③ 烤盤上鋪好鋁箔紙，排上做法②，淋上沙拉油，放入小烤箱中烘烤約15分鐘，烘烤至熟且上色即成。

Point
■ 建議將蝦仁切得粗碎，才能享受到肉質Q彈的口感。

01/11

柚子白菜

蔬菜
冷藏 2~3天
OK

材料（2人份）

白菜…¼棵
日本柚子…1個
鹽…½小匙
鹽昆布…5克
紅辣椒（切圓片）…少許
砂糖…1小匙
鰹魚風味調味料…1小匙

事前準備

白菜≫切大塊。
日本柚子≫用刨皮刀削掉外皮，將皮切細絲；果肉切對半，擠出柚子汁。

做法

① 將白菜放入盆中，撒入鹽揉捏白菜，放上重石，壓著白菜約30分鐘，再擠乾白菜的水分。
② 將白菜、柚子皮、撈出籽的柚子汁、鹽昆布、紅辣椒、砂糖和鰹魚風味調味料倒入盆中，翻拌均勻。
③ 將做法②移入保存容器中，蓋上蓋子，放入冰箱冷藏2~3小時使其入味即成。

Point
■ 使用刨皮刀可以將柚子皮俐落地刨下，避免刨到皮白色的部分。

01/12

自家製鮪魚片

魚
冷藏 2~3天
OK

材料（2人份）

鮪魚…150克
橄欖油…150毫升
鹽…½小匙

事前準備

鮪魚≫切2公分丁狀。

做法

① 將鮪魚、橄欖油倒入鍋中，以小火加熱。
② 待鮪魚的顏色變了，用料理筷或湯匙一邊壓碎，並且弄鬆散。
③ 待鮪魚肉呈鬆散，加入鹽調味，放涼即成。

Point
■ 把鮪魚肉弄鬆散時，可以保留下少許橄欖油，品嘗時口感較濕潤。

食用時
放在冰箱冷藏，食材中的橄欖油會變硬，所以食用時，建議分取出當次食用量，再以微波稍微加熱享用。

⏱30分鐘

01/13

梅子煮雞腿蓮藕

肉
冷藏 2~3天
OK

材料（2人份）

雞腿肉…1片
蓮藕…200克
醃梅子…2個
柴魚昆布高湯…200毫升
（鰹魚風味調味料…1小匙
水…200毫升）
A 味醂…1小匙
A 砂糖…1小匙
A 鹽…少許
A 醬油…1大匙
芝麻油…1大匙

事前準備

雞肉≫切一大口的塊狀。
蓮藕≫切滾刀塊，放入水中浸泡約5分鐘。
醃梅子≫梅肉切小塊，籽先不要丟掉，備用。

做法

① 芝麻油倒入平底鍋中熱油，放入雞肉煎至兩面都微焦且上色。
② 加入蓮藕拌炒約3分鐘，續入材料A、醃梅子和籽，放入鍋內蓋壓在食材上，以中小火煮至水分變少，約煮15分鐘即成。

Point
■ 先放入冰箱冷藏，風味更滲入雞肉中。此外，雞肉煎過之後再煮，能鎖住雞肉肉汁的美味。

※編註：鍋內蓋就是比鍋子稍微小一點的鍋蓋，用鍋子烹調料理時，可以直接壓（或蓋）在鍋中的食材上面煮，除了防止湯汁溢出，更可以縮短烹煮時間，以及使食材煮的更入味。除了市售木製、不鏽鋼製產品以外，也可以根據鍋子的大小，裁剪烘焙紙、鋁箔紙代用。

⏱10分鐘

01/14

超辣芥菜豬肉燥

肉
冷藏 3~4天
OK

材料（2人份）

豬絞肉…200克
醃漬芥菜（切碎）…100克
薑…1片
豆瓣醬…1小匙
A 酒…2大匙
A 味醂…2大匙
A 醬油…1½大匙
芝麻油…1大匙
炒熟白芝麻…1大匙

事前準備

薑≫切碎。
材料A≫混拌均勻。

做法

① 芝麻油倒入平底鍋中熱油，放入薑、豆瓣醬，以小火拌炒，待炒出香氣後，加入豬絞肉拌炒，炒至絞肉變白，加入芥菜拌炒均勻。
② 沿著鍋邊以畫圈方式淋入材料A，拌炒至水分收乾，關火，最後撒上白芝麻即成。

Point
■ 薑、豆瓣醬很容易炒焦，請用小火慢慢地炒。
■ 豬絞肉炒至肉燥狀後加入調味料，會更容易入味。

01/15

照燒海苔雞肉丸

20分鐘

肉
冷藏 2~3天
OK

材料（2人份）

雞絞肉…200克
鹽、胡椒…⅓小匙
薑泥…1小匙
嫩豆腐…100克
大蔥…40克
太白粉…2大匙
烤海苔…1片
芝麻油…1大匙
A
味醂…1小匙
麵味露（3倍濃縮）…3大匙
砂糖…1小匙
醬油…1小匙

事前準備

大蔥≫切蔥花。
烤海苔≫切8等分。

做法

① 將絞肉、鹽、胡椒、薑泥、嫩豆腐、大蔥和太白粉倒入盆中，混拌均勻。
② 取八分之一量的做法①，整型成橢圓形，再捲上烤海苔片。
③ 芝麻油倒入平底鍋中熱油，放入做法②煎至兩面都上色。
④ 倒入材料A，煮至醬汁收乾，雞肉丸表面沾附醬汁即成。

食用時

■ 欲食用時，必須先覆熱後再品嘗。
■ 當成便當菜時，可以先覆熱，等放涼之後再盛入便當盒中。

01/16

豆芽南蠻漬

10分鐘

蔬菜
冷藏 2~3天
OK

材料（2人份）

豆芽菜…1包
洋蔥…40克
胡蘿蔔…½根（75克）
青椒…2個
鹽、胡椒…少許
A
砂糖…1大匙
柚子醋醬油…100毫升
水…2大匙
芝麻油…2小匙

事前準備

洋蔥≫切薄片。
胡蘿蔔、青椒≫切細絲。

做法

① 將豆芽菜、洋蔥、胡蘿蔔、青椒、鹽、胡椒倒入耐熱盆中，包上保鮮膜，以微波爐600W加熱約2分鐘。
② 將材料A倒入另一個盆中拌勻。
③ 用廚房紙巾將做法①擦乾，然後倒入做法②中混拌均勻即成。

Point

■ 食材微波加熱後，如果水分不擦乾，調味料會被稀釋，所以一定要擦乾水分。
■ 剛醃漬好即可食用，但建議再放一下，讓食材更充分入味更好吃喔！

＊編註：南蠻漬是從葡萄牙、西班牙等國傳入日本，南蠻漬做法有好幾種，這裡主要是指將食材浸漬於糖醋味醬汁中。

01/17

手工冷凍春捲

25分鐘

OK

冷凍 2 週

肉

材料（2人份）

春捲皮…8張
豬絞肉…120克
水煮竹筍…80克
乾香菇…20克
薑（切碎）…1片
乾的綠豆冬粉…30克
芝麻油…1大匙
沙拉油…適量

A
泡香菇的水…80毫升
酒…1大匙
味醂…1大匙
醬油…1大匙
蠔油…1小匙
砂糖…1小匙
太白粉水…1大匙
（太白粉…1小匙 水…1大匙）

〈麵糊〉
麵粉…1大匙
水…1大匙

事前準備

竹筍≫淋滾水，切0.5公分寬的細條。

乾香菇≫放入溫水中泡軟，泡乾香菇的水先不要倒掉，備用。擠乾香菇的水分，切掉菇柄，蕈傘切成薄片。

冬粉≫放入滾水中浸泡至軟，以濾網撈起，切成易食用的長度。

麵糊≫混拌均勻。

做法

① 芝麻油倒入平底鍋中熱油，放入薑炒一下，待炒出香氣，放入絞肉拌炒。等絞肉顏色變白，放入竹筍、香菇。

② 待食材都沾附了油，加入冬粉、材料A，拌炒至食材均勻且收汁，改成小火，倒入太白粉水勾芡，即成餡料，整鍋倒入鐵盤中。

③ 將春捲皮其中一個尖角處朝自己，放在手前攤平，在皮的正中間稍微往下一點的位置，放上八分之一量的餡料，包成春捲狀。包捲到最後時，在春捲皮尖角處塗抹麵糊，壓緊，再以相同的方式完成其他春捲。

保存&食用時

■ 將包好的春捲一個個包上保鮮膜，放入密封保鮮袋中，移入冰箱冷凍保存。

■ 欲食用時，取出冷凍的春捲，放入加熱至170°C的油鍋中，炸至呈金黃。因爲春捲自然解凍後會出水，所以直接冷凍狀態下烹調即可。

01/18

爽口清脆生泡菜

蔬菜

冷藏 2~3 天

材料（2人份）

白菜…⅛棵

蔥…½把

鹽辛花枝…30克

A
- 辣椒粉…3大匙
- 蜂蜜…1大匙
- 魚露…1大匙
- 蒜泥…2小匙
- 薑泥…2小匙

水…適量

鹽…適量

事前準備

白菜≫切一口大小的塊狀。

蔥≫切5公分長。

做法

① 將大量的水、鹽（分量爲水的3%）倒入盆中，放入白菜，放置約30分鐘，撈起白菜擠乾水分。

② 將材料A倒入乾淨的盆中，加入做法①、蔥和鹽辛花枝翻拌均勻即成。

Point

■ 白菜先放入鹽水中浸泡，可保留獨特的口感，不過，也可以撒鹽揉壓製作，完成的泡菜一樣好吃。

01/19

歐姆蛋風咖哩馬鈴薯泥

蔬菜

冷凍 2 週

OK

材料（2人份）

豬牛混合絞肉…50克

洋蔥…30克

馬鈴薯…3個（300克）

A
- 含鹽奶油…5克
- 咖哩粉…2小匙
- 雞高湯粉…1小匙
- 鹽、胡椒…少許
- 牛奶…2大匙

鹽、胡椒…少許

事前準備

洋蔥≫切碎。

馬鈴薯≫切一口大小。

做法

① 將絞肉、洋蔥、鹽、胡椒放入耐熱容器中拌勻，鬆鬆地包上保鮮膜，以微波爐600W加熱1分30秒。取出弄鬆，放涼。

② 將馬鈴薯放入另一個耐熱容器中，鬆鬆地包上保鮮膜，以微波爐600W加熱7分鐘，趁熱搗成泥。

③ 將材料A倒入做法②中混拌均勻。

④ 取六分之一量的做法③，放在保鮮膜上弄平整，在中間放上六分之一量的做法①，再以包成像歐姆蛋的造型，再以相同的方式完成其他即成。

保存&食用時

做好的馬鈴薯泥放涼，以保鮮膜包好，放入容器中，移入冰箱冷凍保存。欲食用的半天前，拿到冷藏解凍，再以微波爐加熱30秒～1分鐘即可享用。

01/20

杯裝奶油白醬燉菜

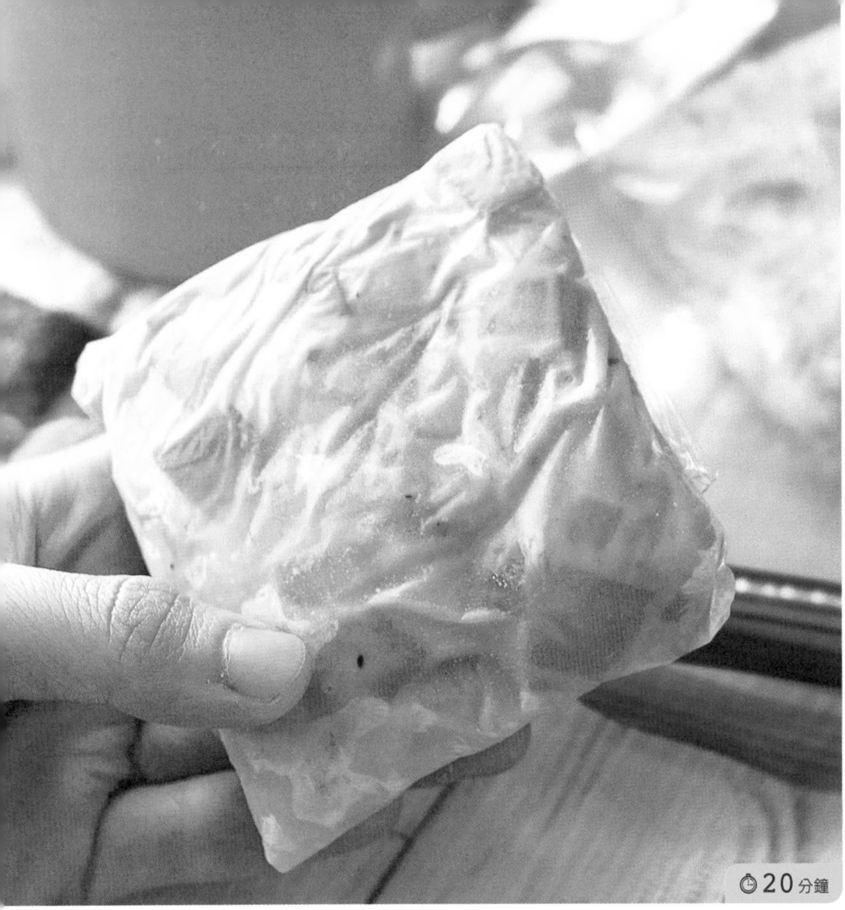

20分鐘

冷凍2週

其他

材料（食用6次的分量）

胡蘿蔔：120克
培根：50克
洋蔥：150克
馬鈴薯：150克
無鹽奶油：50克
麵粉：50克
牛奶：200毫升
法式清湯粉：2小匙
鹽、胡椒：少許
牛奶（解凍用、食用1次的分量）：60毫升

事前準備

胡蘿蔔、培根、洋蔥、馬鈴薯≫切1公分小丁。

做法

① 奶油倒入平底鍋中加熱，放入胡蘿蔔、培根、洋蔥、馬鈴薯拌炒。
② 待做法①煮熟了，篩入麵粉，然後拌炒。
③ 炒至沒有粉氣後加入牛奶、法式清湯粉、鹽、胡椒，然後以小火煮約5分鐘。
④ 放涼，取六分之一量，分別以保鮮膜包好，一共完成6包，放入冰箱冷凍保存。

食用時

將奶油白醬燉菜、牛奶（解凍用）倒入馬克杯中，包上保鮮膜，以微波爐加熱4分鐘，再充分拌勻。可依個人喜好加入巴西里享用。如果覺得不夠濃稠，可以撕開保鮮膜再微波一下。

01/21

菇菇時雨煮

15分鐘

材料（2人份）

舞菇…1包
香菇4朵（100克）
金針菇…1袋（200克）
薑…1片
A
酒…3大匙
味醂…2大匙
砂糖…½大匙
醬油…2大匙

蕈菇
冷藏 2~3天
OK

事前準備

舞菇≫切掉根部，剝散。
香菇≫切掉根部，蕈傘切薄片。
金針菇≫切掉根部，長度切對半。
薑≫切絲。

做法

① 將蕈菇類和薑放入平底鍋中拌炒，待稍微炒軟，加入材料A翻拌均勻。
② 待煮滾後，繼續燉煮大約10分鐘，至水分收乾。

Point
- 可依個人喜好增加薑的分量，美味度不減。
- 也可以更換蕈菇食材的種類，變換口感與風味。

01/22

私房核桃味噌

15分鐘

材料（2人份）

原味烤核桃…100克
調合味噌…100克
砂糖…40克
味醂…60毫升

其他
冷藏 1週
OK

事前準備

核桃≫放入食物袋中，用擀麵棍敲打成粗碎顆粒。

做法

① 將味噌、砂糖和味醂放入平底鍋中，以中火加熱，混合均勻。
② 等炒出光澤後改成小火，加入核桃，翻拌至核桃完全沾附醬料即成。

Point
- 如果用的是生核桃，建議先把生核桃放入平底鍋中乾煎後再使用。
- 核桃可依個人喜好的口感，壓成適當大小的顆粒狀。

01/23

鹽昆布豆渣沙拉

蔬菜
冷藏 2~3天
OK

材料（2人份）

豆渣粉…40克
胡蘿蔔…50克
熟毛豆仁…40克
鹽昆布…10克
無糖豆漿…150毫升

A
醋…1大匙
白高湯…1大匙
橄欖油…1大匙

事前準備

胡蘿蔔 » 切絲。

做法

① 將胡蘿蔔放入耐熱容器中，包上保鮮膜，以微波爐600W加熱1分30秒。
② 將豆渣粉放入另一個容器中，倒入豆漿攪拌均勻。
③ 加入材料A，然後攪拌均勻。
④ 加入做法①、毛豆仁和鹽昆布混拌均勻即成。

Point
■若是使用生豆渣，可視操作狀況調整豆漿的分量。

01/24

軟呼呼美乃滋雞塊

肉
冷凍 2週
OK

材料（2人份）

雞胸肉…1片（350克）

A
法式清湯粉…1小匙
蛋…1個
日式美乃滋…2大匙
鹽、胡椒…少許
麵粉…2大匙

沙拉油…適量

事前準備

雞肉 » 先去除多餘的皮和脂肪，切粗碎，再用菜刀敲打成肉末狀。

做法

① 將雞肉和材料A倒入盆中混合攪拌，直到產生黏性。分成12等分，用湯匙整型成雞塊狀。
② 平底鍋中倒入多一點沙拉油，輕輕放入做法①。
③ 雞塊的每一面都煎炸約3分鐘，煎炸至雞肉熟了即成。

Point
■雞肉要確實敲打成肉末狀，煎炸好的雞塊才會口感鬆軟。此外，也可以直接購買絞肉製作，更方便、快速！

保存&食用時
將每2個雞塊排入料理小杯中，再放到冰箱冷凍保存。欲食用時，先以冷藏解凍，再放入小烤箱中烘烤3~4分鐘即可享用。

01/25

油淋雞風味豬肉丸

材料（2人份）

薄切豬肉片…300克
A
酒…1大匙
鹽…少許
黑胡椒…少許
太白粉…1大匙

〈混合醬料〉
大蔥…½根（50克）
酒…1大匙
砂糖…2大匙
醋…1½大匙
醬油…2大匙
芝麻油…1大匙
炒熟白芝麻…1大匙

肉
冷藏 2~3 天
OK

事前準備

大蔥》切碎末。

做法

① 將混合醬料的材料全部倒入盆中，混拌均勻。
② 將豬肉放入另一個盆中，加入材料A揉捏，分成12等分，分別整型成一口大小的丸子狀。
③ 倒入平底鍋中，將適量沙拉油（材料量之外）倒入平底鍋中，油的高度約1公分高，加熱至170℃，排入做法②，一邊翻動，一邊炸至微焦且呈金黃。
④ 將做法①倒入另一個平底鍋中加熱，然後倒入做法③中，使肉丸均勻沾附即成。

Point
■ 豬肉片先用酒和太白粉揉捏，油炸後外表會酥脆，肉則軟嫩多汁。

01/26

大蒜醬油炒蒟蒻油豆腐

材料（2人份）

蒟蒻…1片（300克）
油豆腐…1塊
大蒜…2瓣
A
酒…2大匙
味醂…2大匙
砂糖…½大匙
醬油…2½大匙
芝麻油…1大匙

其他
冷藏 2~3 天
OK

事前準備

蒟蒻》表面劃上交錯的格紋，切成一口大小。
油豆腐》以滾水沖淋油豆腐，去掉油分。
大蒜》切圓片。

做法

① 將蒟蒻放入耐熱容器中，倒入可以蓋過蒟蒻的水量，以微波爐600W加熱約2分鐘，撈出瀝乾水分。
② 平底鍋燒熱，放入做法①乾煎約1分鐘，倒入芝麻油、大蒜拌炒均勻。
③ 待表面稍微上色，把油豆腐撕成塊狀後加入。
④ 倒入材料A，以中小火煮至醬汁收乾即成。

Point
■ 蒟蒻表面劃上格紋後先煮過，乾煎時調味料才能充分入味。
■ 也可以加入辣椒或豆瓣醬，製作超辣風味的料理。

01/27

鮪魚咖哩通心粉沙拉

20分鐘

材料（2人份）

通心粉…120克
鮪魚罐頭…1罐
小黃瓜…1根
胡蘿蔔…40克
水煮蛋…2個
沙拉油…1大匙
日式美乃滋…4大匙
咖哩粉…½大匙
鹽、胡椒…少許

蔬菜
冷藏 2~3天
OK

事前準備

小黃瓜≫切一小口的薄片狀，撒入少許鹽（材料量之外），放置約10分鐘使其出水，再擠乾澀水。
胡蘿蔔≫切四分之一的圓薄片。
水煮蛋≫切粗碎。

做法

① 將1公升熱水（材料量之外）倒入鍋中煮滾，加入1小匙鹽（材料量之外），放入通心粉，按照包裝袋上的時間煮熟。在快煮好的前1分鐘，放入胡蘿蔔。
② 用濾網撈起瀝乾，放入盆中，倒入沙拉油翻拌均勻。
③ 將鮪魚、小黃瓜、水煮蛋、美乃滋、咖哩粉和鹽、胡椒加入做法②中，混拌均勻即成。

Point
■ 小黃瓜撒鹽後會出水，要充分擠乾這些滲出來的澀水，做好的沙拉才不會濕濕水水的。
■ 通心粉淋上沙拉油可以防止黏在一起，才能輕鬆沾附美乃滋。

01/28

橄欖油漬雞柳

25分鐘

材料（2人份）

雞柳…4條
A ┌砂糖…1小匙
　 └鹽…1小匙
大蒜…2瓣
鹽…少許
沙拉油…100毫升

肉
冷藏 2~3天
OK

事前準備

雞柳≫去掉筋膜，加入材料A揉捏，放置約10分鐘，再擦乾水分。

做法

① 將雞柳、大蒜、鹽和沙拉油倒入鍋中加熱，不時將雞柳整個翻面。
② 雞肉的顏色變白後先關火，以餘熱將肉燜熟即成。

Point
■ 最後用餘熱燜熟雞柳，可以保持口感濕潤且柔軟。
■ 除了沙拉油，也可以改用橄欖油製作。

保存&食用時

放入保存容器時，如果雞柳會露出油面，必須再加入沙拉油，使油量可以蓋過雞柳。食用時，可將肉弄鬆散，還可以搭配沙拉、義大利麵等料理享用。此外，也推薦用其中的醃漬油製作蒜香辣椒橄欖油義大利麵，風味極佳。

01/29

牛肉牛蒡蒟蒻絲時雨煮

20分鐘

OK 冷藏3~4天 肉

材料（2人份）

牛肉的邊肉（肉角）…200克
蒟蒻絲…1包（200克）
牛蒡…1根
薑…2片
紅辣椒（切圓片）…3克
芝麻油…1大匙
A
酒…2大匙
砂糖…2大匙
味醂…2大匙
醬油…50毫升

事前準備

牛肉≫切成易入口的大小。
蒟蒻絲≫汆燙去除腥味，切成易入口的長度。
牛蒡≫削成薄片，放入水中浸泡1分鐘。
薑≫切絲。

做法

① 將蒟蒻絲放入平底鍋中乾煎，煎至水分收乾。
② 把蒟蒻絲先推到平底鍋的一邊，鍋面空的地方倒入芝麻油，放入薑、紅辣椒以小火拌炒混合，待炒出香氣，放入牛蒡翻炒。
③ 等牛蒡沾附了油後加入牛肉，拌炒至牛肉變色，然後倒入材料A，放入鍋內蓋壓在食材上，以中小火煮約5分鐘。
④ 打開蓋子繼續煮，煮至水分收乾即成。

Point

■ 蒟蒻絲先乾煎過收乾水分，完成的料理才不會濕濕的，調味料也能輕鬆入味。

＊編註：時雨是忽下忽停的陣雨，所以時雨煮，是指短時間內即可烹煮完成的料理。

01/30

菇菇回鍋肉

20分鐘

材料（2人份）

豬梅花薄肉片…200克
青椒…2個（75克）
鴻喜菇…1包（100克）
舞菇…1包（100克）
薑…1片
豆瓣醬…1小匙
芝麻油…1大匙
A
酒…2大匙
砂糖…1大匙
醬油…1大匙
味噌…1大匙

蕈菇
冷藏 2~3天
OK

事前準備

豬梅花肉》切4公分寬。
青椒》切一大口的滾刀塊。
鴻喜菇、舞菇》切掉根部，剝散。
薑》切碎。
材料A》混拌均勻。

做法

① 將芝麻油、薑和豆瓣醬倒入平底鍋中加熱，待炒出香氣，放入豬梅花肉拌炒，炒至肉變白色後加入青椒，迅速拌炒。
② 所有食材都沾附了油之後，加入鴻喜菇、舞菇炒軟，繞圈淋入材料A，以大火迅速拌炒均勻。
③ 盛入盤中，再繞圈淋入少許芝麻油（材料量之外）即成。

Point
■這道料理的烹調重點在於，加入調味料之後要迅速拌炒。

01/31

起司焗飯風味吐司

25分鐘

材料（2人份）

吐司（約2公分厚）…4片
豬牛混合絞肉…200克
大蒜（切碎）…1瓣分量
洋蔥…½個（100克）
胡蘿蔔…⅓根（50克）
切丁蕃茄罐頭…150克
A
蕃茄醬…4大匙（60克）
中濃醬汁…3大匙
鹽…½小匙
胡椒…少許
沙拉油…1大匙
披薩用起司…50克

其他
冷凍 2週
OK

事前準備

洋蔥、胡蘿蔔》切碎。

做法

① 沙拉油倒入平底鍋中，以小火熱油，放入大蒜拌炒，待炒出香氣後加入洋蔥、胡蘿蔔，以中火拌炒。
② 等蔬菜都炒軟了，加入絞肉拌炒均勻，絞肉顏色變白後加入蕃茄丁、材料A，以中火煮10～15分鐘，煮至水分收乾，放涼。
③ 在距離吐司邊緣1公分處，用湯匙壓進去，做成一個凹洞。
④ 將做法②填入吐司凹洞中，整平，最後撒上披薩用起司。

保存&食用時
做好的每片吐司都以保鮮膜包好，放入密封保鮮袋中，冷凍保存。欲食用時，取出冷凍吐司，以小烤箱烘烤約10分鐘即可享用。

得費工處理的食材清單

以及從處理方法推薦一些讓常備菜更豐富的食材。

△ 製作常備菜時需費工處理的食材

高麗菜

可煮可炒，用途極廣泛。製作涼拌菜時，要先撒鹽，使其出水後再烹調。

萵苣

直接使用生菜易出水，建議加熱後使用，或是搭配醋烹調。

白菜

可以直接製作燉煮料理。製作涼拌菜時，要先撒鹽，使其出水後再烹調。

豆芽菜

選用新鮮的豆芽菜，以微波加熱再擦乾水分。製作涼拌菜時，也以相同的方法處理。

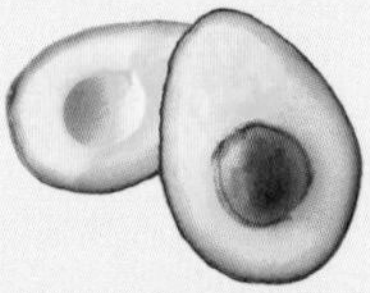

酪梨

因爲切面接觸空氣容易變色，建議用來烹調無關成品顏色的涼拌菜、醃漬料理。

豬五花肉

冷藏後脂肪會變硬，建議溫熱後再製作常備菜。

Point

容易出水的葉菜類蔬菜得更費工處理，
脂肪較多的冷藏肉則建議加熱後再烹調食用。

Column
小專欄 1

適合製作常備菜的食材・

接下來要介紹常見食材中，哪些適合製作常備菜，

◎ 適合製作常備菜的食材

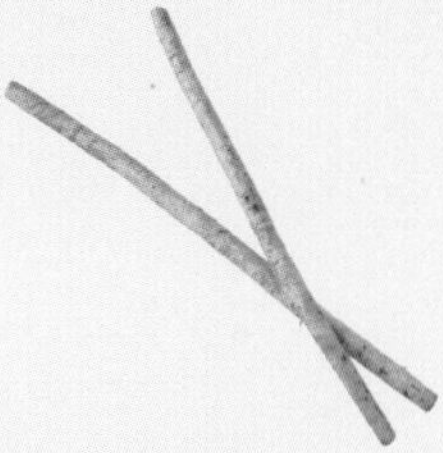

牛蒡

纖維稍微粗硬且不易出水，適合用來製作燉煮、炒類的常備菜。

胡蘿蔔

和牛蒡一樣不易出水，不僅可以生食，更能加入其他料理烹調，以增添風味。

蓮藕

除了適合用來烹調燉煮、炸類料理，也可磨成泥食用。

白蘿蔔

是燉煮、以生白蘿蔔淺漬，或是製作西式泡菜的最佳食材之一。

地瓜

芋類食材因不易出水而非常推薦，可以製作燉煮、炒類等料理。

牛五花肉

容易煮熟且脂肪較少，適合烹調燉煮、炒類料理。

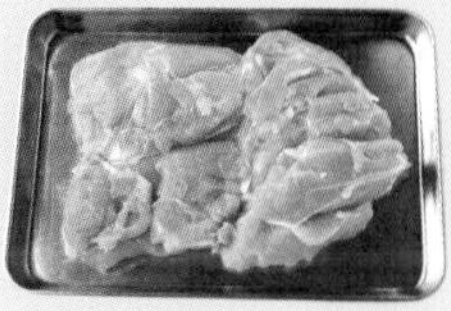

雞腿肉

即使烹調稍久，肉質也能保持柔軟，很適合用來製作炸類、燉煮等料理。

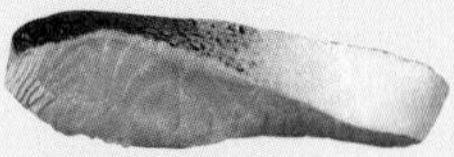

鮭魚

切片鮭魚可以直接用來烹調燉煮、炸類、炒類料理，十分方便！

Point

蔬菜除了根菜類，還包含芋類。魚類、肉類則以脂肪較少的爲佳！

02/01

雞胸肉南蠻漬

OK 冷藏2~3天 肉

材料（2人份）

雞胸肉…1片（300克）
太白粉…1大匙
鹽、胡椒…適量
洋蔥…½個
胡蘿蔔…80克
青椒…1個

A
柴魚昆布高湯…200毫升
（鰹魚風味調味料…1小匙
水…100毫升）
醋…50毫升
砂糖…3大匙
醬油…2大匙
沙拉油…1大匙

事前準備

雞肉》去除多餘的皮和脂肪，切成一口大小，撒入鹽、胡椒，再撒入太白粉抓拌均勻。

洋蔥》切薄片。

胡蘿蔔、青椒》切絲。

做法

① 沙拉油倒入平底鍋中熱油，放入雞肉煎熟。

② 將材料A倒入耐熱容器中，包上保鮮膜，以微波爐600W加熱30秒。取出趁還熱時，將做法①和蔬菜類食材都加進去拌一下，讓食材更入味，放涼即成。

Point

- 撒入太白粉後，記得要將每塊雞肉都抓拌均勻。
- 材料A加熱後，趁熱時立刻把食材放入，全部翻拌，這樣食材才能入味。

⏱30分鐘

02/02

鮪魚白蘿蔔

材料（2人份）

白蘿蔔…½根
鮪魚罐頭…2罐
麵味露（3倍濃縮）…3½大匙
水…200毫升
芝麻油…1大匙

蔬菜｜冷藏 2~3天｜OK

事前準備

白蘿蔔》切1公分厚的四分之一圓片。

做法

① 芝麻油倒入平底鍋中熱油，放入白蘿蔔炒3分鐘。

② 加入鮪魚、麵味露和水，放入鍋內蓋壓在食材上，以中小火煮約20分鐘，燉煮至水分收乾即成。

Point

■ 連同鮪魚罐頭中的油汁一起使用，完成的料理風味更濃郁且具層次。

⏱10分鐘

02/03

大葉香腸捲

材料（2人份）

維也納香腸…6根
大葉（紫蘇葉）…6片
餃子皮…6張
沙拉油…適量
水…適量

事前準備

香腸》在香腸表面，縱向劃入1條刀紋。

肉｜冷藏 2~3天｜OK

做法

① 將餃子皮放在靠近自己這側，放上大葉、香腸往前捲，包捲至最後時，在餃子皮上塗抹水黏住固定。以相同的方法完成6個香腸捲。

② 沙拉油倒入平底鍋中熱油，將做法①接縫處朝下放入鍋中煎，不時翻動，油煎至兩面都呈金黃即成。

食用時

放入小烤箱中，烘烤3~5分鐘至口感酥脆即可享用。

Point

■ 維也納香腸因爲表面先劃上刀紋，所以烹調時可防止爆裂。

＊編註：大葉就是紫蘇葉，在日本大多數狀況下，用在烹調食材時會稱做「大葉」，而用於裝飾料理時則稱做「紫蘇葉」，這裡因爲是用葉子捲香腸烹調，所以沿用日文的「大葉」。

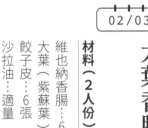

02/04

鮪魚蒟蒻絲

材料（2人份）

蒟蒻絲…1包（200克）
胡蘿蔔…⅓根
鮪魚罐頭…1罐
芝麻油…1大匙
A 味醂…1大匙
A 醬油…1大匙
炒熟白芝麻…適量

其他
冷藏 2~3天
OK

事前準備

蒟蒻絲≫切成易入口的長度。
胡蘿蔔≫切成5公分長的細絲。
鮪魚罐頭≫瀝掉油分。

做法

① 將蒟蒻絲放入耐熱容器中，倒入可以蓋過蒟蒻絲的水量（材料量之外），包上保鮮膜，以微波爐600W加熱約2分鐘，撈出瀝乾水分。

② 芝麻油倒入平底鍋中熱油，放入蒟蒻絲、胡蘿蔔拌炒。續入鮪魚和材料A，以大火煮至收汁，最後撒入白芝麻翻拌均勻即成。

Point
■ 蒟蒻絲先以微波加熱過，可以去掉腥味。

02/05

芝麻拌菠菜味噌鯖魚

材料（2人份）

菠菜…2把
胡蘿蔔…⅓根
煮味噌鯖魚罐頭…1罐（160克）
A 麵味露（3倍濃縮）…1小匙
A 芝麻粉…2大匙
A 芝麻油…1小匙

魚
冷藏 2~3天
OK

事前準備

胡蘿蔔≫切絲。

做法

① 煮一鍋滾水，加入少許鹽（材料量之外），先放入胡蘿蔔煮約1分鐘，續入菠菜根煮約30秒，再放入菠菜葉煮約30秒，撈出放入冷水中浸泡。

② 將菠菜充分擰乾水分，切成3~4公分長。

③ 將菠菜、胡蘿蔔、煮味噌鯖魚（含汁液）放入盆中混拌均勻，加入材料A，全部拌勻，使食材均勻入味即成。

Point
■ 除了水煮，也可以利用微波將菠菜、胡蘿蔔加熱。

⏱20分鐘

02/06

甜辣牛蒡雞肉條

OK（微波）｜冷藏 2~3天｜肉

材料（2人份）

雞胸肉…1片
酒…1大匙
砂糖…½小匙
牛蒡…½根
A
- 砂糖…2大匙
- 醬油…3大匙
- 味醂…3大匙

太白粉…適量
沙拉油…適量
炒熟白芝麻…1大匙

做法

① 在雞肉、牛蒡上撒太白粉，抓拌均勻。

② 沙拉油倒入平底鍋中，油的高度約2公分高，加熱至170℃，然後放入雞肉、牛蒡炸一下。

③ 將材料A倒入另一個平底鍋中煮滾，把做法②倒入煮至收汁，最後撒入白芝麻混拌均勻卽成。

事前準備

雞肉≫先斜片成1公分厚，再切1公分寬的條狀，淋入酒，撒入砂糖，放置約15分鐘。

牛蒡≫先切成4公分長，再縱向對切兩半，放入水中浸泡。

Point

■ 雞肉先用砂糖抓拌過，烹調後能保持肉質濕潤。

02/07

味噌擔擔肉

肉
冷藏 2~3 天
OK

材料（2人份）

豬絞肉…250克
薑泥…1小匙
蒜泥…1小匙
豆瓣醬…1小匙
A ─ 酒…1大匙
A ─ 醬油…1小匙
A ─ 甜麵醬…2大匙
芝麻油…1大匙

10分鐘

做法

① 芝麻油倒入平底鍋中，加入薑泥、蒜泥和豆瓣醬以小火加熱。
② 待炒出香氣，放入豬絞肉拌炒。
③ 待豬絞肉的顏色變白，倒入材料A煮至醬汁收乾即成。

Point
■豆瓣醬的分量可依個人喜好增減。

食用時
建議食用時，先以微波加熱再享用。

02/08

西式醃綠花椰鵪鶉蛋

蔬菜
冷藏 3~4 天
OK

材料（2人份）

綠花椰菜…1朵
水煮鵪鶉蛋…6個
〈西式泡菜汁液〉
醋…150毫升
水…100毫升
砂糖…3大匙
鹽…1小匙
月桂葉…1片
紅辣椒…1根

10分鐘

事前準備

綠花椰菜》分成一小朵一小朵。
鵪鶉蛋》瀝乾水分。
紅辣椒》去籽後切條。

做法

① 煮一鍋滾水，加入½小匙鹽（材料量之外），放入綠花椰菜煮約1分鐘，撈出放在濾網上放涼。
② 取一個小鍋，倒入西式泡菜汁液的所有材料開始煮，煮滾後離火，放涼至可用手觸摸的溫度。
③ 將綠花椰菜、鵪鶉蛋、做法②倒入消毒好的保存瓶中，蓋上瓶蓋，放入冰箱冷藏醃漬2~3小時。

Point
■想保留綠花椰菜的清脆口感，小訣竅在於先迅速汆燙一下。
■綠花椰菜燙過後如果放入冷水中泡，會因含有水分而不利於保存，所以自然瀝乾就好。

02/09

甜辣炒豬肉蓮藕

材料（2人份）

薄切豬肉片…300克
鹽、胡椒…少許
蓮藕…200克
太白粉…4大匙
A 砂糖…3大匙
A 醬油…3大匙
A 醋…3大匙
沙拉油…適量
炒熟白芝麻…適量

30分鐘

肉
冷藏 4~5 天
OK

事前準備

豬肉≫撒上鹽、胡椒。
蓮藕≫切1公分厚的四分之一圓片，放入水中浸泡。

做法

① 分別在豬肉、蓮藕上撒2大匙太白粉，抓拌均勻。
② 沙拉油倒入平底鍋中，油的高度約3公分高，加熱至170℃，放入蓮藕炸一下。等外層的太白粉變得酥脆，撈出瀝乾油分。
③ 放入豬肉炸至酥脆，撈出瀝乾油分。
④ 將材料A倒入另一個平底鍋中煮滾，待煮至醬汁濃稠，放入做法②、③，使均勻沾附醬汁，最後撒上白芝麻即成。

Point
■ 豬肉和蓮藕炸至酥脆，能沾附上醬汁，十分美味！
■ 經過燉煮後酸味散失，可依個人喜好加入適量醋調味。

02/10

圓滾滾的鱈寶雞肉丸

材料（2人份）

鱈寶（鱈魚豆腐）…1片
雞絞肉…200克
大葉（紫蘇葉）…3片
A 鹽昆布…10克
A 起司粉…2小匙
A 日式美乃滋…2大匙
A 酒…1大匙
A 薑泥…1小匙
太白粉…適量
沙拉油…1大匙

20分鐘

肉
冷藏 2~3 天
OK

做法

① 將鱈寶放入食物袋中，揉壓弄碎。
② 將雞絞肉、揉碎的大葉加入做法①中，續入材料A，揉捏至產生黏性。
③ 取少量做法②，整型成丸子狀，撒上太白粉。以相同的方法完成其他肉丸。
④ 沙拉油倒入平底鍋中熱油，放入做法③煎至微焦且呈金黃，蓋上鍋蓋，以小火燜煎約3分鐘即成。

Point
■ 一開始只揉搓鱈寶，然後再放入雞肉，材料比較容易混拌。

02/11

西班牙蒜香風味炒干貝菇

魚
冷藏 2~3天
OK

材料（2人份）

小干貝…150克
鴻喜菇…1包（100克）
綠花椰菜…½朵（100克）
大蒜…1瓣分量
紅辣椒（切圓片）…1根分量
鹽…少許
黑胡椒…少許
橄欖油…3大匙

事前準備

鴻喜菇»切掉根部，剝散。
綠花椰菜»分成一小朵一小朵，放入耐熱容器中，蓋上沾濕的廚房紙巾，鬆鬆地包上保鮮膜，以微波爐600W加熱1分鐘。
大蒜»切碎。

做法

① 將橄欖油、大蒜和紅辣椒放入平底鍋中，以小火加熱，待散出香氣，放入小干貝、鴻喜菇和綠花椰菜，以中小火加熱5分鐘。
② 撒入鹽、黑胡椒迅速拌炒一下即成。

Point
■ 綠花椰菜不容易煮熟，所以要先以微波加熱過再烹調。
■ 做法①油煎食材時，爲了防止焦掉，必須用小火加熱。

02/12

橄欖油香蒜炒蓮藕魩仔魚乾

蔬菜
冷藏 2~3天
OK

材料（2人份）

蓮藕…180克
魩仔魚乾…15克
大蒜…1瓣
紅辣椒（切圓片）…1根分量
橄欖油…2大匙
鹽、胡椒…少許

事前準備

蓮藕»切0.5公分厚的四分之一圓片，放入醋水（材料量之外）中浸泡。
大蒜»切碎。

做法

① 橄欖油倒入平底鍋中，以小火加熱，放入大蒜拌炒。
② 待散發出蒜香，加入蓮藕、魩仔魚乾和紅辣椒，以中火拌炒約5分鐘。
③ 炒至蓮藕熟了，最後撒入鹽、胡椒調味即成。

Point
■ 由於大蒜很容易炒焦，務必以小火謹慎地慢慢炒。
■ 蓮藕如果殘留較多水分，烹調時可能油爆，所以要擦乾再放入油鍋。

02/13

西式醃咖哩白花菜

蔬菜　冷藏1週　OK

材料（2人份）

白花菜…½朵（200克）

〈西式泡菜汁液〉

醋…150毫升
水…100毫升
砂糖…3大匙
咖哩粉…1大匙
鹽…1小匙
月桂葉…1片
紅辣椒…1根

事前準備

白花菜≫分成一小朵一小朵。

紅辣椒≫去籽後切條。

做法

① 煮一鍋滾水，加入少許鹽（材料量之外），放入白花菜煮約1分鐘，撈出放在濾網上放涼。

② 取一個小鍋，倒入西式泡菜汁液的所有材料開始煮，煮滾後離火，放涼至可用手觸摸的溫度。

③ 將做法①、②倒入消毒好的保存瓶中，蓋上瓶蓋，放入冰箱冷藏醃漬2~3小時。

Point

■ 想保留白花菜燙過後的清脆口感，小訣竅在於先迅速汆燙一下。

■ 白花菜如果放入冷水中泡，會因含有水分而不利於保存，所以自然放涼就好。

■ 可依個人喜好加入多種香草浸泡，更能提升風味層次。

02/14

煎味噌照燒油豆腐

其他　冷藏2~3天　OK

材料（2人份）

油豆腐…2塊
蔥…15克
炒熟白芝麻…1大匙

A
味醂…2大匙
砂糖…1大匙
醬油…2大匙
調合味噌…2大匙
蒜泥…1小匙

沙拉油…2小匙

事前準備

油豆腐≫放入滾水中煮約2分鐘以去掉油分，再切成1公分小丁。

蔥≫切蔥花。

材料A≫混拌均勻。

做法

① 沙拉油倒入平底鍋中熱油，放入油豆腐煎。

② 加入蔥、白芝麻和材料A，煮至醬汁收乾即成。

Point

■ 先把油豆腐的油分去掉，烹調時，才能吸進醬汁入味。

02/15

黑醋炒雞胸肉白蘿蔔

⏱20分鐘

OK（微波）　冷藏 2~3 天　肉

材料（2人份）

- 雞胸肉…1片
- 酒…1小匙
- 醬油…½大匙
- 太白粉…適量
- 蓮藕…150克
- 紅甜椒…¼個
- 黃甜椒…¼個
- A
  - 砂糖…1½大匙
  - 黑醋…2½大匙
  - 醬油…1½大匙
- 沙拉油…3大匙

事前準備

雞肉≫去除多餘的雞皮和油脂，斜片成一口大小。

蓮藕≫切1公分厚的半月形片，放入醋水（醋的分量為水的3%，材料量之外）中浸泡。

紅甜椒、黃甜椒≫切滾刀塊。

做法

① 雞肉放入盆中，加入酒、醬油揉捏，放置約5分鐘，撒入太白粉抓拌。

② 沙拉油倒入平底鍋中熱油，放入雞肉，煎至兩面都呈金黃，先取出備用。

③ 取廚房紙巾迅速將平底鍋鍋面的油擦掉，放入蓮藕煎至上色，再放入紅甜椒、黃甜椒拌炒一下。

④ 最後將做法②倒回平底鍋中，加入材料A，煮至收汁即成。

Point

- 雞胸肉斜切可以切斷纖維，食用時口感比較軟。
- 也可以改成青椒、茄子製作這道料理，變化多，風味更豐富。

02/16

泡菜煮雞翅

材料（2人份）

雞翅尖…8根
鹽、胡椒…少許
太白粉…適量
白菜泡菜…100克
韭菜…½把（50克）
A
酒…2大匙
醬油…1大匙
調合味噌…½大匙
蒜泥…1瓣分量
水…200毫升
芝麻油…1大匙

肉
冷藏 2~3天
OK

事前準備

雞翅尖≫沿著骨頭劃刀，撒入鹽、胡椒和太白粉抓拌。
泡菜≫切滾刀塊。
韭菜≫切3公分長。

做法

① 芝麻油倒入平底鍋中熱油，放入雞翅尖，雞翅尖皮那面朝下，煎至兩面微焦且呈金黃。
② 加入泡菜、材料A和水，蓋上鍋蓋，以小火煮約10分鐘。
③ 加入韭菜，以大火稍微煮至醬汁收乾即成。

Point
■先把雞翅尖沿著骨頭劃刀，可以使烹調時更容易入味。
■韭菜最後再加入，可以防止變色。
■如果泡菜比較鹹的話，可將醬油分量減半烹調。

02/17

醃漬風味白蘿蔔

材料（容易製作的分量）

白蘿蔔…1根
A
砂糖…200克
牛奶…60毫升
醋…60毫升
鹽…40克
紅辣椒…3根

蔬菜
冷藏 2~3天
OK

事前準備

白蘿蔔≫切0.5公分厚的四分之一圓片。

做法

① 將白蘿蔔、材料A和紅辣椒放入盆中，充分拌勻。
② 包上保鮮膜，放入冰箱冷藏1~2小時，讓汁液滲透入味。
③ 取出後輕輕翻拌，倒入保存容器中，再放入冰箱冷藏保存。

Point
■因爲配方中添加了醋，所以即使放了幾天，仍能保持清脆的口感。
■也可以試著加入日本柚子的皮，品嘗些微不同的風味。

02/18

日式金平牛蒡舞菇肉燥

蔬菜
冷藏 2~3 天
OK

15分鐘

材料（2人份）

豬絞肉…150克
牛蒡…1根
舞菇…100克
青椒…1個
A
酒…1大匙
味醂…1大匙
砂糖…½大匙
醬油…1½大匙
紅辣椒（切圓片）…少許
芝麻油…1大匙

事前準備

牛蒡≫切成薄片，放入水中浸泡。
舞菇≫用手剝散。
青椒≫切細絲。

做法

① 芝麻油、紅辣椒倒入平底鍋中加熱，待散出香氣後放入絞肉，炒至顏色變白後，依牛蒡、舞菇和青椒的順序加入鍋中拌炒。
② 炒至食材都熟了，加入材料A，拌炒至水分收乾即成。

Point

■ 牛蒡可以切得稍微厚一點，口感獨特且滋味佳。
■ 如果加入大蒜或韭菜一起烹調，搭配米飯食用超適合！

※編註：這道金平牛蒡（直譯爲辣炒牛蒡絲），名稱源於日本江戶時代「金平淨瑠璃」的主角「坂田金平」。大家把牛蒡的口感、嚼勁以及辣椒的辛辣，比喻爲坂田金平的堅強與勇敢，所以有「金平牛蒡」的名稱。現在一般是指將食材切細，用醬油、砂糖或味醂拌炒的鹹甜風味料理。

02/19

鰆魚西京燒

魚
冷藏 2~3 天
OK

20分鐘

材料（2人份）

鰆魚…3片
鹽…少許
A
砂糖…1小匙
酒…4大匙
味醂…1大匙
白味噌…150克

事前準備

鰆魚≫撒上鹽，放置約10分鐘後，擦乾水分，切成2～3等分。
材料A≫混合拌勻。

做法

① 將鰆魚放入密封保鮮袋中，加入材料A輕輕搓揉，放入冰箱冷藏，醃漬半天以上。
② 從密封保鮮袋中取出鰆魚，用廚房紙巾擦掉味噌和水分。
③ 將烘焙紙平鋪在平底鍋中加熱，排上做法②。
④ 煎至鰆魚上色後翻面繼續煎，蓋上鍋蓋，以小火燜煎約5分鐘至熟。

Point

■ 味噌很容易焦掉，所以一定要用廚房紙巾確實擦掉再入鍋煎。

※編註：西京是指京都，而西京燒是指用西京味噌醃漬之後，再燒烤或煎熟的料理，食材多爲魚肉。

02/20

超辣白蘿蔔薑片豬肉捲

肉｜冷藏 2~3 天｜OK

材料（2人份）

豬梅花薄肉片…10片（250克）
鹽、胡椒…少許
白蘿蔔…250克
薑…80克
麵粉…適量
—A—
酒…1大匙
味醂…1大匙
砂糖…½大匙
醬油…1大匙
沙拉油…1大匙

事前準備

豬肉》撒上鹽、胡椒。
白蘿蔔》用削皮刀削成緞帶條狀，輕輕擦乾水分。
薑》切絲。

做法

① 取1片豬肉片鋪平，把十分之一量的白蘿蔔、薑放在靠近自己這側，往前捲起，整個均勻撒上麵粉，兩面都要撒。以相同的方法完成10個肉捲。
② 沙拉油倒入平底鍋中熱油，將做法①的肉捲接縫處朝下排入鍋中，煎至整個肉捲都上色，蓋上鍋蓋，以小火燜煎約5分鐘。
③ 等肉捲熟了倒入材料A，以大火煮至醬汁濃郁，肉捲均勻沾附醬汁即成。

Point

■ 白蘿蔔削成片狀比較容易煮熟，而且更容易包捲。
■ 把肉捲接縫處朝下排入鍋中煎，可以避免肉捲散開。此外，肉捲表面撒上麵粉，有助於沾附醬汁。

02/21

照燒豬肉丸紫蘇捲

肉｜冷藏 4~5 天｜OK

材料（2人份）

豬絞肉…300克
大葉（紫蘇葉）…8片
大蔥…½根
太白粉…1大匙
鹽、胡椒…少許
醬油…2大匙
沙拉油…1大匙
—A—
酒…2大匙
味醂…2大匙
砂糖…1大匙
醬油…2大匙

事前準備

大蔥》切碎。

做法

① 將絞肉、大蔥、太白粉和鹽、胡椒、醬油放入盆中混合攪拌，摔打攪拌至產生黏性，即成肉餡。取八分之一量的肉餡整型成肉丸狀，用大葉包好。以相同的方法完成8個豬肉丸。
② 沙拉油倒入平底鍋中熱油，將大葉朝下排入鍋中，以中火煎3分鐘後翻面，蓋上鍋蓋，再以小火燜煎約5分鐘。
③ 把材料A倒入做法②中，燉煮至水分收乾，豬肉丸表面沾附醬汁即成。

Point

■ 醬汁要煮到可以輕鬆沾裹上豬肉丸的濃稠度，豬肉丸要搭配醬料才會好吃。此外，也可以撒上少許白芝麻享用。

02/22

濃郁芝麻味噌炒豬肉高麗菜

肉
冷藏 2~3天
OK

材料（2人份）

豬梅花薄肉片…150克
高麗菜…¼個
蒜泥…½小匙
A
調合味噌…2大匙
味醂…1大匙
砂糖…½大匙
醬油…½大匙
炒熟白芝麻…1大匙
芝麻油…½大匙

事前準備

高麗菜≫切大片。
豬肉≫切成易入口大小。

做法

① 芝麻油倒入平底鍋中熱油，放入蒜泥、豬肉炒熟。
② 加入高麗菜，炒至食材都沾附上油，繞圈淋入拌勻的材料A，等食材都均勻沾附醬料，最後撒入白芝麻拌勻即成。

Point
■將大蒜、豬肉放入鍋中一起炒，可以防止油濺出來。

02/23

磯邊油豆腐肉捲

肉
冷藏 2~3天
OK

材料（2人份）

油豆腐…2塊
豬梅花薄肉片…8片（170克）
鹽、胡椒…少許
燒海苔…適量
太白粉…適量
A
薑泥…1小匙
砂糖…½小匙
燒肉醬…3大匙
韓國辣椒醬…1小匙
沙拉油…1大匙

事前準備

油豆腐≫每塊油豆腐切成4等分。
豬肉≫撒上鹽、胡椒。
燒海苔≫切成和油豆腐一樣大小。

做法

① 用海苔、豬肉捲好油豆腐，撒上太白粉。
② 沙拉油倒入平底鍋中熱油，放入做法①，一面翻動，一邊煎至上色。
③ 用廚房紙巾擦掉鍋面多餘的油分，倒入材料A，使豬肉捲能均勻沾附，最後可依個人喜好，撒入蔥花即成。

Point
■煎至外表微焦酥脆且呈金黃色澤，香氣四溢的油豆腐肉捲就大功告成囉！

＊編註：「磯邊」是指用海苔包裹、包捲食材烹調的料理，像磯邊燒（煎烤類料理）、磯邊揚（炸類料理）等。

02/24

蕃茄醬煮雞肉蓮藕

⏱20分鐘

OK（可微波）　冷藏3~4天　肉

材料（2人份）

雞腿肉…2片（450克）
鹽、胡椒…少許
麵粉…適量
蓮藕…200克
大蒜…2瓣
橄欖油…1大匙

A
酒…3大匙
蕃茄醬…5大匙
鹽、胡椒…少許
法式清湯粉…1小匙
水…100毫升

醬油…1大匙

事前準備

雞肉≫切成一口大小，加入鹽、胡椒和麵粉抓拌。

蓮藕≫放入密封保鮮袋中，用擀麵棍敲打成一口大小。

大蒜≫切碎。

做法

① 橄欖油倒入平底鍋中熱油，放入大蒜，以小火拌炒，待炒出香氣，將雞肉皮面朝下放入鍋中，煎至兩面都呈金黃。

② 加入蓮藕拌炒，等食材都均勻沾附油後加入材料A，蓋上鍋蓋，以中小火燉煮約5分鐘。

③ 打開鍋蓋，煮至水分收乾，加入醬油再次煮滾即成。

Point

- 蓮藕不用刀切，改用敲打，可使纖維斷掉，烹調更易入味。
- 如果不喜歡蓮藕變色，可將蓮藕先放入水中泡約5分鐘。
- 最後加入醬油可以提味，就成了一道下飯好菜！

02/25

明太子美乃滋蓮藕

蔬菜 冷藏2~3天 OK

材料（2人份）

蓮藕…150克
明太子…1條
日式美乃滋…2大匙
醬油…½小匙

事前準備

蓮藕≫切0.2公分厚的四分之一圓片，然後放入水中浸泡。

明太子≫割開外膜，將明太子（魚卵）刮出，弄散。

做法

① 備一鍋滾水，放入蓮藕煮約1分30秒，撈出放在濾網上，再用廚房紙巾確實擦乾水分。

② 將做法①、明太子、日式美乃滋和醬油倒入盆中充分拌勻，再依個人喜好，撒上蔥花（蔥綠）一起享用。

Point

■醬油的分量，可依個人喜好調整用量。

※編註：常見的是將鱈魚卵以鹽醃漬的鹽漬明太子，有些會在鹽漬後，放入辣椒醬中浸泡，就是常見的辛口（辣味）明太子。

02/26

韓式超辣拌豆芽雞柳

蔬菜 冷藏2~3天 OK

材料（2人份）

黃豆芽…2袋（400克）
雞柳…3條
鹽、胡椒…少許
酒…1大匙

A
味噌…½大匙
麵味露（3倍濃縮）…1大匙
豆瓣醬…2小匙
雞高湯粉…1小匙
蒜泥…½小匙
芝麻油…1大匙

炒熟白芝麻…適量

事前準備

雞柳≫去掉筋膜，撒上鹽、胡椒。

做法

① 將洗好的黃豆芽放入耐熱容器中，鬆鬆地包上保鮮膜，以微波爐600W加熱3分30秒。放涼後，用廚房紙巾擦乾水分。

② 將雞柳放入另一個耐熱容器中，撒入酒，以微波爐加熱2分鐘。

③ 將材料A倒入盆中拌勻，放入做法①，用手撕好做法②的雞柳後加入，充分拌勻，最後撒上白芝麻即成。

Point

■這道菜也可以用普通的豆芽菜製作，但若喜歡清脆的口感，建議使用黃豆芽。

■添加味噌讓這道菜的滋味更提升，搖身一變成風味濃郁的小菜。

02/27

超辣味炒手撕油豆腐豬肉

肉
冷藏 2~3天
OK

材料（2人份）

油豆腐…1塊（200克）
豬梅花薄肉片…150克
鹽、胡椒…少許
芝麻油…1大匙
紅辣椒（切圓片）…少許
蛋…2個
A 砂糖…2小匙
味醂…1大匙
醬油…2大匙

事前準備

油豆腐≫去掉油分。
豬肉≫切3公分寬，撒上鹽、胡椒。
蛋≫拌勻成蛋液。

做法

① 芝麻油倒入平底鍋中熱油，放入紅辣椒、豬肉拌炒。
② 待豬肉顏色變白後先關火，用手將油豆腐撕成易入口的大小後加入，迅速翻炒。
③ 將豬肉、油豆腐先推到平底鍋的一邊，鍋面空處倒入蛋液輕炒，再和豬肉、油豆腐翻拌均勻。
④ 加入材料A，將所有食材迅速拌炒，最後可依個人喜好撒入蔥花即成。

Point
■相較於刀切油豆腐，用手撕油豆腐，表面積增加，醬汁更容易滲透入味。

02/28

草莓奶油

甜點
冷藏 3天
OK

材料（容易製作的分量）

草莓…100克
砂糖…50克
無鹽奶油…100克

事前準備

草莓≫去掉蒂頭，切細碎。
奶油≫放在常溫下回軟。

做法

① 將草莓放入耐熱容器中，倒入砂糖輕輕混拌，鬆鬆地包上保鮮膜，以微波爐600W加熱3分鐘。
② 將做法①拌勻，再次包上保鮮膜，以微波爐600W加熱2分鐘，取出放涼。
③ 將奶油打發至顏色變白，一點點地加入做法②拌勻即成。

Point
■先將奶油充分打發至變白，再和做法②混合，口感會更滑順。

Column
小專欄 2

正確選擇保存容器

大家可以依照常備菜的特性，靈活運用保存容器，
讓製作常備菜更加事半功倍。
因此，要先瞭解各種容器的特性，有助於輕鬆製作。

琺瑯容器

直火	烤箱	IH 爐	冷凍	微波爐
OK	OK	OK	OK	NG

這些料理很適合！

- 咖哩等味道較重的料理。
- 燉煮蕃茄等容易染色的料理。
- 耐酸、醋，所以適合用醋烹調的料理，例如西式醃漬小菜等。
- 可以直接放入烤箱，很適合焗烤料理。
- 沾附的油容易洗淨，可以用在橄欖油醃漬料理。

優點

- 不易染色和殘留味道。
- 可以直火烹調。
- 導熱性佳。
- 材質堅固不易破。
- 耐酸、耐鹽。

缺點

- 無法搭配微波爐使用。
- 琺瑯表面的玻璃一旦裂開就會生鏽，所以使用上得小心。

玻璃容器

微波爐	烤箱	小烤箱	直火	冷凍
OK	OK	OK	NG	NG

這些料理很適合！

- 可以清楚看到內容物，很適合盛裝醬料類。
- 咖哩等味道較重的料理。
- 燉煮蕃茄等容易染色的料理。
- 耐酸、醋，所以適合用醋烹調的料理，例如西式醃漬小菜等。
- 可以直接放入烤箱，很適合焗烤料理。
- 沾附的油容易洗淨，可以用在橄欖油醃漬料理。

優點

- 一眼便能看清容器內的盛裝物。
- 不易沾附殘留味道。
- 可以放入微波爐使用。
- 市售也能買到可以密封的商品。

缺點

- 無法直火烹調。
- 不耐溫度急速變化。
- 很容易破，所以拿的時候要謹慎。

塑膠容器（密封保鮮袋）

微波爐	冷凍	烤箱	直火
OK	OK	NG	NG

這些料理很適合！

- 醃漬冷凍小菜類。
- 便當菜或是拌飯料等必須一小包一小包保存的料理。
- 可以用微波爐覆熱的料理。

優點

- 從冷藏庫取出後，可以直接放入微波爐中加熱。
- 不使用時可以折疊收納，節省存放空間。
- 價格便宜且商品選擇多樣化。

缺點

- 無法直火烹調。
- 不耐溫度急速變化。
- 很容易破，所以拿的時候要謹慎。

03/01

超辣味蘿蔔絲乾豬肉泡菜

15分鐘

冷藏 2~3 天

OK

肉

材料（2人份）

豬梅花薄肉片…200克
鹽、胡椒…少許
蘿蔔絲乾…50克
白菜泡菜…150克
韭菜…$\frac{1}{3}$把
芝麻油…1大匙

事前準備

豬肉》切3公分寬，撒上鹽、胡椒。

蘿蔔絲乾》先洗淨，倒入可以蓋過蘿蔔絲乾的水量，浸泡20~30分鐘使其膨脹，瀝乾水分後切成易食用的長度。

泡菜》切小片。

韭菜》切4公分長。

做法

① 芝麻油倒入平底鍋中熱油，放入豬肉翻炒，等豬肉的顏色變白，加入蘿蔔絲乾拌炒。

② 加入泡菜、韭菜，以大火拌炒至水分收乾即成。

Point

- 蘿蔔絲乾要以大量的水充分浸泡，使其膨脹後再烹調。
- 可依個人喜好加入豆瓣醬，讓濃郁辛辣味更具層次。

03/02

蓮藕雞肉餅

肉
冷藏 4~5天
OK

20分鐘

材料（2人份）

蓮藕…200克
雞絞肉…300克
薑…1片
鹽…⅓小匙
太白粉…1大匙
芝麻油…1大匙
酒…1大匙
A 味醂…2大匙
A 砂糖…1大匙
A 醬油…2大匙

事前準備

蓮藕》取一半量的蓮藕切圓薄片，剩下的蓮藕放入密封保鮮袋中，用擀麵棍敲碎。

薑》切碎。

做法

① 將敲碎的蓮藕倒入盆中，接著加入絞肉、薑、鹽和太白粉混合攪拌，直到產生黏性，即成雞肉餡。

② 將做法①整型成扁圓形肉餅，取蓮藕片貼在肉餅的一面。

③ 芝麻油倒入平底鍋中熱油，將蓮藕那一面朝下放入鍋中，以中火煎，煎至酥脆且上色後翻面，倒入酒，蓋上鍋蓋，以中小火燜煎約5分鐘。

④ 打開鍋蓋，加入材料A，煮至呈現出光澤即成。

Point

■ 雞肉餡要充分攪拌至產生黏性，雞肉餅才會多汁可口。

■ 在蓮藕上薄薄地撒些許太白粉後再貼上蓮藕片，煎的時候蓮藕片才不會脫落。

03/03

洋蔥醬

food
其他
冷藏 3~4天
OK

10分鐘

材料（容易製作的分量）

剛採收的小洋蔥…1個（150克）
A 砂糖…1大匙
A 鹽…1½小匙
A 味醂…50毫升
A 醋…100毫升
A 醬油…50毫升
A 沙拉油…50毫升

事前準備

味醂》倒入耐熱容器中，以微波爐600W加熱30秒，去除酒精成分，放涼。

做法

① 將洋蔥縱切對半，用刨片器以能切斷纖維的方向，將洋蔥刨成片。

② 將洋蔥、材料A倒入盆中混拌均勻，倒入保存罐中，保存罐橫放，放入冰箱冷藏一晚。

Point

■ 剛採收的小洋蔥辛辣味較緩和，即使沒有先泡過水也無妨。

■ 除了沙拉油，也可以改用橄欖油、芝麻油製作，美味不打折。

03/04

法式芥末籽醬醃蓮藕蕈菇

20分鐘

材料(2人份)

蓮藕…150克
杏鮑菇…1包(100克)
鴻喜菇…1包(100克)
橄欖油…3大匙

A
蜂蜜…1大匙
鹽…½小匙
醋…1大匙
醬油…1大匙
蠔油…1大匙
法式芥末籽醬…2大匙

蕈菇
冷藏 2~3天
OK

事前準備

蓮藕》切薄的滾刀片,放入醋水(材料量之外)中浸泡。
杏鮑菇》切寬粗條。
鴻喜菇》切掉根部,剝散。

做法

① 將1½大匙橄欖油倒入平底鍋中,以中小火加熱,放入杏鮑菇、鴻喜菇,不要拌炒,翻炒1~2次至散出香氣。
② 材料A混拌均勻後加入,先取出備用。
③ 將剩下的橄欖油倒入平底鍋中,以中小火加熱,放入蓮藕炒熟,翻炒幾次,再將做法②倒回混拌均勻即成。

Point
■ 為了防止食材出水,記得不要過度翻炒食材。
■ 也可以改用水煮馬鈴薯或地瓜,取代蓮藕製作。

@hana.hana.bee

03/05

燉煮韓國辣椒醬蒟蒻

15分鐘

材料(2人份)

蒟蒻…1片(350克)
砂糖…1小匙

A
味醂…1大匙
燒肉醬…2大匙
蒜泥…½小匙
韓國辣椒醬…1大匙

芝麻油…1小匙

其他
冷藏 2~3天
OK

事前準備

蒟蒻》表面劃上交錯的格紋,橫切對半,再切1公分寬。

做法

① 將蒟蒻放入盆中,撒入砂糖搓揉,放置約5分鐘,等蒟蒻出水後,用廚房紙巾擦乾水分。
② 芝麻油倒入平底鍋中熱油,放入蒟蒻拌炒。
③ 倒入材料A煮至收汁。可依個人喜好,撒入白芝麻、紅辣椒絲享用。

Point
■ 蒟蒻先以砂糖抓拌,放置一下後會出水,擦乾水分後更容易入味。
■ 務必確實擦乾蒟蒻滲出的水分。

03/06

炒牛蒡鹿尾菜

蔬菜　冷藏2~3天　OK

15分鐘

材料（2人份）

牛蒡…1根（150克）
胡蘿蔔…½根（75克）
乾燥鹿尾菜（羊栖菜）…5克
芝麻油…1大匙

A
酒…2大匙
味醂…2大匙
砂糖…1大匙
醬油…2大匙
鹽、胡椒…少許
薑泥…1片分量

事前準備

牛蒡≫斜切薄片，放入水中浸泡約10分鐘。
胡蘿蔔≫切4公分細長條。
鹿尾菜≫放入大量水中泡發，擠乾水分。
材料A≫混拌均勻。

做法

① 芝麻油倒入平底鍋中熱油，放入牛蒡拌炒，等牛蒡變軟之後加入胡蘿蔔、鹿尾菜翻炒。
② 加入材料A，以大火煮至收汁即成。

Point
■如果牛蒡太粗的話，可以先縱切對半，再斜切薄片。

03/07

麻婆豆腐料

肉　冷凍2週　OK

10分鐘

材料（食用4次的分量）

豬絞肉…400克
大蒜…1瓣
薑…1片

A
醬油…1大匙
蠔油…2大匙
味噌…2½大匙
豆瓣醬…1大匙

事前準備

大蒜、薑≫切碎。

做法

① 將豬絞肉、大蒜、薑和材料A倒入保鮮袋中，在保鮮袋上方充分搓揉混合。
② 徹底擠出保鮮袋中的空氣後密封，整袋攤平，分成2等分後放入冰箱冷凍保存。

食用時
將一半量（2人份）的冷凍食材直接放入平底鍋中，加入1大匙酒，蓋上鍋蓋，以中火燜煎約2分鐘。然後打開鍋蓋，以中火拌炒，等豬絞肉的顏色變白，加入大蔥碎、150毫升雞高湯煮，煮滾後再加入切成格子狀的豆腐混拌一下，以中火煮約3分鐘。將火稍微關小，倒入太白粉水加熱至濃稠的芡汁（勾芡），最後可依個人喜好，撒入紅辣椒絲。

03/08

辛辣炒煮豬肉油豆腐

20分鐘

OK

冷藏 2~3 天

肉

材料（2人份）

豬梅花薄肉片…100克
油豆腐…1塊（150克）
韭菜…½把（50克）
薑…1片
鹽、胡椒…少許
水…100毫升
酒…1小匙

A
酒…1大匙
味醂…1大匙
醬油…1大匙
砂糖…1大匙
豆瓣醬…1大匙

沙拉油…1小匙

事前準備

豬肉≫切3公分寬，撒上鹽、胡椒。

油豆腐≫以滾水沖淋油豆腐，去掉油分，按壓吸掉水分，切成一口大小。

韭菜≫切3公分長。

薑≫切碎。

做法

① 沙拉油倒入平底鍋中熱油，放入薑拌炒一下，待炒出香氣後加入豬肉，煎至酥脆且微焦。

② 放入油豆腐炒至全部都上色，加入水、酒和材料A，炒煮至水分收乾。

③ 加入韭菜，以大火煮乾且散發出光澤。可依個人喜好，撒入白芝麻、紅辣椒絲。

Point

- 豬肉和油豆腐要確實煎至上色，才能品嘗到香氣四溢的可口料理。
- 韭菜過度加熱會變色，建議最後再加入即可。

⏱15分鐘

03/09

韓國辣椒醬炒大蔥豬肉

肉　冷藏 2~3 天　OK

材料（2人份）

豬梅花肉塊…300克
大蔥…1根
韓國辣椒醬…1大匙

A
酒…1大匙
味醂…1大匙
砂糖…2小匙
醬油…1大匙
蒜泥…1瓣分量

鹽、胡椒…少許
芝麻油…1大匙

事前準備

豬肉 » 切1公分厚。
大蔥 » 斜切0.5公分寬。
材料A » 混拌均勻。

做法

① 沙拉油倒入平底鍋中熱油，放入豬肉，撒上鹽、胡椒，煎至微焦且酥脆。
② 放入大蔥拌炒，等大蔥炒軟了之後，加入材料A拌炒均勻。
③ 以大火收乾水分，使全部的食材都均勻沾附醬汁即成。

Point
■ 豬肉煎至香噴噴且酥脆，是這道菜成功的小祕訣。
■ 食材都已經充分入味，建議搭配蓋飯一起享用。

⏱10分鐘

03/10

辣筍風味杏鮑菇

蕈菇　冷藏 2~3 天　OK

材料（2人份）

杏鮑菇…2包

A
蒜泥…½小匙
砂糖…½大匙
雞高湯粉…⅓小匙
醬油…1大匙
芝麻油…1大匙
辣油…½大匙
紅辣椒（切圓片）…1根

事前準備

杏鮑菇 » 縱切對半，再切成薄片。

做法

① 將杏鮑菇放入平底鍋中乾煎，煎至水分收乾。
② 將杏鮑菇盛入盆中，倒入材料A混拌，放涼，然後裝入乾淨的保存容器中，再移到冰箱冷藏20分鐘即成。

Point
■ 趁杏鮑菇煎熱時和材料A混拌，杏鮑菇可以更入味。
■ 杏鮑菇先乾煎過，有助於釋放本身的香氣。

03/11

甜辣咖哩炒雞腿青椒

肉
冷藏 2~3 天
OK

材料（2人份）

雞腿肉…1片（250克）
鹽、胡椒…少許
咖哩粉…2小匙
太白粉…1小匙
青椒…4個
炒熟白芝麻…1小匙
沙拉油…1大匙
A
酒…1大匙
砂糖…1大匙
醬油…1½大匙

事前準備

雞肉》切掉多餘的皮和脂肪，切成略大的一口大小，撒入鹽、胡椒、咖哩粉和太白粉揉捏。

青椒》切成一口大小的滾刀塊。

做法

① 沙拉油倒入平底鍋中熱油，雞皮那面朝下放入鍋中，煎至兩面微焦且都呈金黃。
② 雞肉煎熟後放入青椒迅速拌炒，待所有食材都沾附了油，加入材料A，以大火煮至醬汁收乾。
③ 撒上白芝麻即成。

Point
如果加入蕃茄醬，調味會變得柔和，孩童們也都能大快朵頤喔！

03/12

超辣洋蔥肉捲

肉
冷藏 2~3 天
OK

材料（2人份）

豬梅花薄肉片…8片
剛採收的小洋蔥…1個
鹽、胡椒…少許
太白粉…適量
A
韓國辣椒醬…1大匙
砂糖…1小匙
蒜泥½小匙
燒肉醬…2大匙
酒…1大匙
芝麻油…1大匙
〈裝飾〉
紅辣椒絲…適量
大葉…適量

事前準備

豬肉》撒上鹽、胡椒。

小洋蔥》切8等分的月牙形狀。

大葉》切細絲。

做法

① 取1片豬肉片鋪平，放上1份洋蔥後捲起，用力捏緊，以相同的方法捲好全部肉捲，撒上太白粉。
② 芝麻油倒入平底鍋中熱油，排入做法①的肉捲。
③ 煎至整個肉捲都上色，擦掉鍋中多餘的油分，倒入酒，蓋上鍋蓋，以小火燜煎3分鐘。
④ 打開鍋蓋，加入材料A煮至醬汁收乾。最後以紅辣椒絲、大葉絲裝飾即成。

Point
如果買不到小洋蔥，也可以用普通洋蔥製作。

03/13

金平西洋芹

蔬菜

冷藏 2~3天

OK

材料（2人份）

西洋芹…1根（100克）
胡蘿蔔…½根（75克）
芝麻油…1大匙
炒熟白芝麻…1大匙

A
- 酒…1大匙
- 味醂…1大匙
- 砂糖…1大匙
- 醬油…2小匙

紅辣椒（切圓片）…1根

事前準備

西洋芹≫切掉底部，去掉粗纖維。莖切5公分細長條，葉切粗碎。

胡蘿蔔≫切5公分細長條。

材料A≫混拌均勻。

做法

① 芝麻油倒入平底鍋中熱油，放入西洋芹莖、胡蘿蔔拌炒。

② 待所有食材都沾附了油，加入材料A，拌炒至水分收乾。

③ 加入西洋芹葉迅速拌炒，最後撒上白芝麻即成。

Point

■ 以大火迅速快炒西洋芹，才能保留清脆口感。
■ 西洋芹葉最後再加入，成品的色澤更亮麗。
■ 換成用橄欖油拌炒的話，就能變化成西式風味料理。

03/14

超簡單爽味蛋

其他

冷藏 3~4天

OK

材料（6個）

蛋…6個
砂糖…½大匙
醬油…3大匙
醋…2大匙

事前準備

蛋≫從冰箱冷藏取出，回溫成室溫。

做法

① 煮一鍋滾水，用湯杓將所有蛋輕輕地放入滾水中，不時翻動蛋，以大火煮約7分鐘。

② 將做法①的蛋放入冷水中浸泡3分鐘，取出剝掉蛋殼。

③ 將做法②放入密封保鮮袋中，加入砂糖、醬油和醋輕輕搓揉，等砂糖溶解後，擠出保鮮袋中的空氣後密封，放入冰箱冷藏2小時即成。

Point

■ 將煮好的蛋立刻放入冷水中浸泡，由於迅速降溫，蛋殼和蛋白之間形成空隙，就能輕鬆地剝好蛋殼囉！

03/15

咖哩美乃滋炒鱈寶與綠花椰

蔬菜

冷藏 2~3 天

OK

15分鐘

材料（2人份）

鱈寶（鱈魚豆腐）…2片（200克）
綠花椰菜…½朵（100克）
沙拉油…1大匙
—A—
日式美乃滋…2大匙
咖哩粉…2小匙
烏斯特黑醋…2小匙
鹽、胡椒…少許

事前準備

鱈寶»切成井字形9等分。
綠花椰菜»分成小朵後放入耐熱容器中，鬆鬆地包上保鮮膜，以微波爐600W加熱2分鐘。
材料**A**»混拌均勻。

做法

① 沙拉油倒入平底鍋中熱油，排入鱈寶，煎至兩面微焦且呈金黃。
② 加入綠花椰菜迅速拌炒，等全部食材都沾附了油，最後倒入材料**A**沾裹均勻即成。

Point

■可以用奶油取代沙拉油烹調，風味更加濃郁。

03/16

自製鹽昆布

飯

冷藏 4~5 天

OK

30分鐘

材料（2人份）

熬過湯的昆布（昆布渣）…200克
—A—
味醂…1大匙
砂糖…1大匙
醬油…2大匙
醋…1½大匙
鹽…1小匙
砂糖…1小匙

事前準備

昆布»切細絲。

做法

① 將昆布、材料**A**倒入平底鍋中，炒至醬汁收乾。
② 取一耐熱盤，鋪上烘焙紙，將做法①攤開平鋪在紙上，以微波爐600W加熱10分鐘，加熱至水分收乾，放涼。
③ 將鹽、砂糖和做法②倒入食物保鮮袋中充分混勻即成。

Point

■微波爐加熱昆布時，過程中可以取出一次，混拌後再放回微波爐加熱，這樣可以讓水分徹底收乾。
■昆布切成細絲，成品口感才會鬆脆。

03/17

柑橘醬糖醋雞胸肉

⏱20分鐘

材料（2人份）

雞胸肉…1片（300克）
酒…1大匙
醬油…1大匙
太白粉…適量
水煮鵪鶉蛋…6個
洋蔥…½個
紅甜椒…⅓個
青椒…1個
沙拉油…適量
A
柑橘醬…2大匙
柚子醋醬油…2大匙
蕃茄醬…1½大匙

事前準備

雞肉≫用叉子在肉表面戳些小洞，切成一口大小。
洋蔥≫切1公分厚的月牙形狀。
紅甜椒、青椒≫切滾刀塊。
材料A≫混拌均勻。

肉
冷藏 2~3 天
OK

做法

① 將醬油、酒灑在雞肉上稍微搓揉，放置一旁約10分鐘，再撒入太白粉抓拌一下。
② 沙拉油倒入平底鍋中，倒入約1公分高度，加熱至170℃，放入做法①煎炸，待炸至表面酥脆，瀝乾油分，放在盤子中。
③ 用廚房紙巾擦掉平底鍋中多餘的油分，放入鵪鶉蛋、洋蔥拌炒，待洋蔥炒至呈透明，加入紅甜椒、青椒迅速拌炒均勻。
④ 等所有食材都沾附了油，倒回做法②，加入材料A燉煮至水分收乾，食材表面沾附醬汁即成。

03/18

茸菇醬風味白昆布絲

⏱10分鐘

材料（2人份）

金針菇…1包（200克）
白昆布絲…15克
柴魚片…1包（3克）
A
酒…3大匙
味醂…3大匙
醬油…3大匙

事前準備

金針菇≫切掉根部，長度切成3等分。

飯
冷藏 2~3 天
OK

做法

① 將金針菇、材料A倒入鍋中加熱，煮滾後撈除浮末、雜質。
② 加入白昆布絲、柴魚片混拌均勻即成。

Point

- 最後步驟加入了白昆布絲勾芡，是這道菜成功的關鍵。
- 烹調過程中要不時攪拌，以免煮焦。
- 除了鋪在米飯、豆腐上食用，也可依個人喜好變化其他種吃法。

03/19

香草照燒雞馬鈴薯

OK

冷藏 2~3天

肉

材料（2人份）

雞腿肉…1片（250克）
鹽、胡椒…少許
馬鈴薯…2個（300克）
大蔥…1根
A
酒…2大匙
砂糖…2大匙
醬油…1大匙
七味辣椒粉…適量
沙拉油…1大匙

事前準備

雞肉≫切掉多餘的皮和脂肪，切成略大的一口大小，撒入鹽、胡椒。

馬鈴薯≫切成一口大小，放入水中浸泡。

大蔥≫切4公分長大塊。

做法

① 將馬鈴薯倒入耐熱容器中，鬆鬆地包上保鮮膜，以微波爐600W加熱4～5分鐘。

② 沙拉油倒入平底鍋中熱油，雞皮那面朝下放入鍋中，煎至雞腿肉兩面都微焦且呈金黃。

③ 放入大蔥，一邊翻動一邊煎至上色，再加入馬鈴薯迅速拌炒。

④ 加入材料**A**燉煮至水分收乾，食材表面沾附醬汁即成。

Point

- 將雞皮那一面煎得香噴噴且酥脆，令人食指大動。
- 馬鈴薯先用微波加熱過，可以縮短烹煮的時間。

03/20

西式醃高麗菜大蒜

10分鐘

蔬菜　冷藏3~4天　OK

材料（2人份）

高麗菜…¼個（250克）

A
- 醋…150毫升
- 水…100毫升
- 砂糖…3大匙
- 鹽…1小匙

大蒜…3瓣

紅辣椒（切圓片）…1根

月桂葉…1片

事前準備

高麗菜》切大片。

大蒜》切0.5公分厚的圓片。

做法

① 煮一鍋滾水，加入少許鹽（材料量之外），放入高麗菜迅速汆燙，以濾網撈起，瀝乾水分後放涼，擠乾。

② 取一個小鍋，倒入材料A開始煮，煮滾後離火，放涼至可用手觸摸的溫度。

③ 將做法①、②倒入消毒好的保存瓶中，蓋上瓶蓋，放入冰箱冷藏醃漬2~3小時。

Point

- 高麗菜用鹽水汆燙時，鹽的分量為水的1~2%。
- 高麗菜汆燙過後要確實擠乾水分，汁液才能滲透入味。
- 可以先取一半量的大蒜磨成泥後加入，更能引出香氣。

03/21

炸海苔豆腐雞塊

20分鐘

肉　冷藏2~3天　OK

材料（2人份）

雞絞肉…300克

板豆腐…200克

太白粉…2大匙

A
- 鹽、胡椒…少許
- 砂糖…1小匙
- 醬油…1大匙
- 鰹魚風味調味料…1小匙

燒海苔…全形（長21×寬19公分）1片

沙拉油…適量

事前準備

板豆腐》用兩張廚房紙巾包好，以微波爐600W加熱2分鐘，再以重物壓15分鐘使其出水，倒掉水。

燒海苔》切成10等分。

做法

① 將絞肉、豆腐、太白粉和材料A放入盆中混合攪拌，攪拌至產生黏性。

② 將做法①分成10等分，再分別整型成圓餅形，用燒海苔包捲起來。

③ 將沙拉油倒入平底鍋中，油的高度約1公分高，加熱至170℃，排入做法②，兩面各煎炸3分鐘，瀝乾油分即成。

Point

- 可依個人喜好，改用敲打過的雞胸肉，口感偏有嚼勁。
- 內餡一定要充分攪拌或抓拌至產生黏性，才能做出鬆軟的雞塊。

03/22

泡菜冬粉

10分鐘

材料（2人份）

冬粉…80克
白菜泡菜…200克
小黃瓜…1根
A
雞高湯粉…1小匙
芝麻油…1大匙
砂糖…1小匙
炒熟白芝麻…2大匙

蔬菜
冷藏 2~3 天
OK

事前準備

泡菜≫切細碎。
小黃瓜≫切絲。

做法

① 將冬粉放入耐熱容器中，倒入可以蓋過冬粉的水量，鬆鬆地包上保鮮膜，以微波爐600W加熱6分鐘，取出瀝乾水分。

② 將做法①、泡菜、小黃瓜和材料A倒入盆中，充分混拌均勻即成。

Point
■ 這裡使用的是已經切段的市售冬粉商品，如果自備的是一般冬粉，泡軟後再切成易入口的長度即可。

03/23

醬油漬菇菇

10分鐘

材料（2人份）

金針菇…1包（200克）
鴻喜菇…1包（100克）
香菇…4片
柴魚昆布高湯…100毫升
（鰹魚風味調味料…少許
水…100毫升）
A
酒…3大匙
味醂…3大匙
醬油…3大匙
鹽…½小匙

飯
冷藏 4~5 天
OK

事前準備

金針菇、鴻喜菇≫切掉根部，用手剝散。
香菇≫切掉菇柄，蕈傘切0.5公分厚的薄片。

做法

① 將柴魚昆布高湯、材料A倒入鍋中，以中火加熱，待煮滾後加入蕈菇類食材，煮約5分鐘。

② 離火，放涼即成。

Point
■ 若能加入3種以上的蕈菇類食材，風味更具層次。

食用時
只要簡單地和白飯混拌，就成了美味菇菇飯。記得要使用溫熱的米飯，食材風味才能均勻入味。

03/24

韓風拌鹽味白菜鮪魚

材料（2人份）

白菜…500克
鮪魚罐頭…1罐（70克）
A
芝麻油…½大匙
醬油…1小匙
鰹魚風味調味料…1小匙
鹽…少許

蔬菜
冷藏 2~3天
OK

事前準備

白菜 » 切成一口大小。
鮪魚罐頭 » 瀝乾油分。

做法

① 將白菜放入耐熱容器中，鬆鬆地包上保鮮膜，以微波爐600W加熱3~5分鐘。放涼後擠乾水分。
② 將做法①、鮪魚放入另一個盆中。
③ 加入材料A後混拌均勻，大約放置5分鐘使其入味即成。

Point
■ 微波加熱後的白菜很燙，必須放涼後再確實擠乾水分，以免被燙傷。

@ayaka_t0911

03/25

法式芥末煮雞肉白蘿蔔

材料（2人份）

雞腿肉…1片（250克）
白蘿蔔…⅓根（300克）
鹽、胡椒…少許
沙拉油…1大匙
A
酒…2大匙
味醂…2大匙
砂糖…1大匙
醬油…2大匙
水…200毫升
法式芥末籽醬…1½大匙

肉
冷藏 3~4天
OK

事前準備

雞肉 » 切掉多餘的皮和脂肪，切成一口大小，撒入鹽、胡椒。
白蘿蔔 » 切1.5公分厚的四分之一圓片。

做法

① 將白蘿蔔放入耐熱容器中，鬆鬆地包上保鮮膜，以微波爐600W加熱6分鐘。
② 沙拉油倒入平底鍋中熱油，放入雞肉，兩面都要煎。
③ 煎至兩面都上色，加入白蘿蔔、材料A和水，不時翻拌，煮約10分鐘。
④ 待汁液愈煮愈少，加入法式芥末籽醬，使食材都能沾附到，最後再依個人喜好，撒入細蔥花即成。

Point
■ 白蘿蔔的外皮有苦味，建議先刨掉外圈的厚皮再烹調，可降低苦味。
■ 除了預先煮熟白蘿蔔，也可以改用微波爐加熱，白蘿蔔短時間內就能變軟，燉煮後更入味。

03/26

黑胡椒醃大葉

蔬菜
冷藏 2~3天
OK

10分鐘

材料（2人份）

大葉（紫蘇葉）…10片

A
- 薑泥…½小匙
- 蒜泥…½小匙
- 砂糖…½小匙
- 粗粒黑胡椒…⅓小匙
- 麵味露（3倍濃縮）…2大匙
- 水…1大匙
- 芝麻油…1小匙

事前準備

大葉≫切掉莖。
材料A≫混拌均勻。

做法

① 將大葉的水分確實擦乾。

② 先將大葉放入材料A中浸泡，然後把大葉放入保存容器中，從上方淋入材料A，以相同的方法完成所有大葉。

③ 將保鮮膜貼合食材、緊密地包好，放入冰箱冷藏半天～1天醃漬即成。

Point
■ 醃漬食材時，把保鮮膜當成鍋內蓋緊貼著食材，更能讓食材入味。

03/27

豆芽棒棒雞沙拉

肉
冷藏 2~3天
OK

20分鐘

材料（2人份）

- 雞胸肉…1片（250克）
- 砂糖…½小匙
- 鹽…½小匙
- 酒…1大匙
- 豆芽菜…2包（400克）
- 四季豆…6根（40克）

A
- 日式美乃滋…3大匙
- 炒熟白芝麻…3大匙
- 砂糖…2小匙
- 醬油…2小匙
- 豆瓣醬…1小匙

事前準備

豆芽菜≫包上保鮮膜，以微波爐600W加熱3分鐘，瀝乾水分。
四季豆≫去掉兩端和筋絲，以微波爐600W加熱40秒。

做法

① 用叉子在雞肉表面戳些小洞，撒上砂糖、鹽搓揉，放入耐熱容器中。

② 將酒灑入做法①中，鬆鬆地包上保鮮膜，以微波爐600W加熱2分鐘。打開微波爐將雞肉翻面，再包上保鮮膜，以微波爐600W加熱2分鐘。放置約10分鐘，一邊等待降溫，一邊利用餘熱燜熟整片雞肉。

③ 將做法②撕成一條一條放入盆中，加入豆芽菜、四季豆和材料A混拌均勻即成。

Point
■ 利用餘熱燜熟雞肉，肉的口感才會濕潤且柔軟。
■ 蔬菜的水分要確實瀝乾，以免水分稀釋掉醬汁，風味大打折扣。

03/28

滿滿蔬菜乾咖哩拌飯料

OK

冷凍2週

飯

材料（食用4次的分量）

- 豬牛混合絞肉…600克
- 洋蔥…1個
- 胡蘿蔔…½根
- 青椒…4個
- A
  - 蕃茄醬…3大匙
  - 中濃醬汁…3大匙
  - 法式清湯粉…1大匙
  - 咖哩粉…3大匙
  - 鹽、胡椒…少許
- 蒜泥…2小匙

事前準備

洋蔥、胡蘿蔔、青椒》切細碎。

做法

① 將絞肉、洋蔥、胡蘿蔔、青椒、蒜泥和材料A放入密封保鮮袋中，用料理筷混拌均勻。

② 整袋攤平，擠出保鮮袋中的空氣後密封，然後對折，放入冰箱冷凍保存。

Point

- 混合絞肉和調味料時，記得用料理筷或湯匙，從袋底往上將所有材料確實翻拌均勻。
- 炒的時候，用鍋鏟將全部食材弄散，以大火加熱，一口氣將水分收乾，才能防止絞肉變硬。

食用時

取出冷凍狀態的食材（一半量，約2人份），直接放入沙拉油加熱好的平底鍋中，蓋上鍋蓋燜煮約5分鐘。一邊以鍋鏟將食材弄散，一邊以大火炒至水分收乾，讓絞肉全熟即成。可以鋪在米飯上，撒些巴西里享用。

03/29

爽口辛香料鹽漬鮭魚

魚　冷藏 2~3 天　OK

材料（2人份）

鮮嫩鮭魚…3片
鹽…少許
太白粉…適量
大蔥…½根
薑…1片
茗荷（蘘荷、野薑）…1根

A
砂糖…2大匙
鹽…½小匙
醋…4大匙
鰹魚風味調味料…½小匙
水…4大匙
炒熟白芝麻…1大匙
芝麻油…2小匙

沙拉油…3大匙

事前準備

鮭魚≫切3等分，撒上鹽。
大蔥≫斜切薄片。
薑≫切絲。
茗荷≫切絲後立刻放入水中浸泡。

做法

① 將大蔥、薑、茗荷和材料A倒入盆中，混拌均勻。
② 鮭魚兩面撒些太白粉，再輕拍均勻。
③ 沙拉油倒入平底鍋中熱油，將做法②鮭魚皮那面朝下放入鍋中，煎至上色後翻面，另一面也煎至上色。
④ 趁鮭魚肉還熱著，放入做法①中即成。

Point

■ 趁鮭魚肉煎熱時放入醬料中浸泡，更能滲透入味。
■ 如果不喜歡酸味，可以將醬料的食材以微波爐600W加熱約1分鐘，嗆辣味會較溫和。

03/30

芝麻味噌煎雞柳

肉　冷藏 2~3 天　OK

材料（2人份）

雞柳…6條

A
酒…1大匙
砂糖…1小匙
醬油…1小匙
調和味噌…2大匙

炒熟白芝麻…1大匙

事前準備

雞柳≫去掉筋膜，切成一口大小。

做法

① 將雞柳、材料A放入盆中，混拌均勻。
② 烤盤上鋪好鋁箔紙，排上做法①，撒上白芝麻。
③ 放入小烤箱中烘烤10分鐘。

Point

■ 味噌醬料很容易焦掉，要一邊注意烘烤狀況，適時蓋上鋁箔紙。
■ 可依個人喜好加入日式美乃滋，或是豆瓣醬烹調成辣味料理。
■ 雞柳如果沒有熟，可以翻面繼續烤至熟爲止。

03/31

馬鈴薯魩仔魚大葉鹹薄餅

OK

冷藏 2~3天

蔬菜

材料（2人份）

馬鈴薯…3個（450克）
大葉（紫蘇葉）…4片
魩仔魚…30克
披薩用起司…50克
鹽、胡椒…少許
沙拉油…4大匙

事前準備

馬鈴薯、大葉≫切絲。

做法

① 將馬鈴薯、大葉、魩仔魚、披薩用起司、鹽和胡椒倒入盆中，混合拌勻。

② 將2大匙沙拉油倒入平底鍋中熱油，取一半量的做法①放入鍋中，攤平整，壓成均一厚度，以中火煎至上色且酥脆後翻面，再煎約5分鐘。剩下的做法①也以相同方式煎好薄餅。

③ 薄餅放涼，以刀平均切割即可享用。

Point

- 這款薄餅好吃的小祕訣在於，馬鈴薯不用泡水，直接烹調。
- 處理食材時，可以先用刨片器刨成片狀，再切成細絲，事半功倍超輕鬆。
- 不要蓋上鍋蓋，倒入稍微多一點油烹調，便能享受到酥脆口感的薄餅。

Column 小專欄 3

輕鬆製作常備菜！

烹調小技巧 HACK!

Part 1

雖然只是一些小撇步，但這裡要介紹一些能更輕鬆、有效率製作常備菜的烹調小技巧！

秋葵

直接在購買時盛裝的網袋上撒點鹽，以雙手輕輕地乾搓，就不用放在砧板滾動，也能簡單去除表面的細毛。

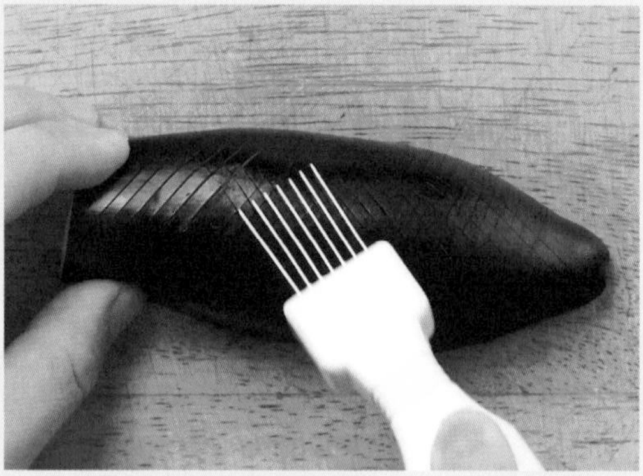

茄子

利用刮絲器，便能迅速在茄子表面劃上格紋狀。

小黃瓜

拿一雙免洗筷分別夾在小黃瓜兩側後下刀，即可不切到底（不切斷）。

炸豆皮

用料理筷在炸豆皮上面滾動，能維持炸豆皮不破且容易打開成袋狀。

利用一些小撇步，製作常備菜更輕鬆！

4月
5月
6月

常備菜

04/01

醬汁浸泡綠蔬菜

OK 冷藏2~3天 蔬菜

材料（3~4人份）

小松菜…5株
油菜花…100克
綠花椰菜…⅓朵
味醂…1⅓大匙
薄口（淡口、淡色）醬油…1⅓大匙
柴魚昆布高湯…300毫升
（鰹魚風味調味料…⅔小匙
水…300毫升）
鹽…1小匙

事前準備

小松菜≫切掉根部。
綠花椰菜≫分成一小朵一小朵，以鹽水（材料量之外）清洗。

做法

①將柴魚昆布高湯、味醂和薄口醬油倒入耐熱容器中，包上保鮮膜，以微波爐600W加熱約2分30秒，放涼。
②備一鍋水加熱，煮滾後加入鹽，手抓著小松菜葉，將根部放入滾水中汆燙30秒，然後將葉子放入滾水，整株汆燙約30秒，取出。
③將油菜花、綠花椰菜分別放入同一個鍋中，油菜花汆燙1分30秒，綠花椰菜汆燙2分30秒。
④全部蔬菜放涼，擠乾水分，放入保存容器中。
⑤將做法①倒入做法④中，放入冰箱冷藏大約1小時即成。

Point

■ 要注意蔬菜汆燙的時間不可太久。
■ 綠色蔬菜煮了之後很容易變色，所以從滾水撈出時，要立刻放入冷水中浸泡，防止變色，而且也能維持口感。

04/02

焗烤冷凍通心粉玉米粒

材料（容易製作的分量）

玉米罐頭…40克
培根…40克
通心粉…50克
披薩用起司…適量
麵包粉…適量
巴西里碎…少許
麵粉…1大匙
無鹽奶油…15克
牛奶…150毫升
鹽、胡椒…少許

其他　冷凍2週　OK

事前準備

玉米≫瀝掉水分。
培根≫切0.5公分寬。
通心粉≫按照包裝袋上的時間煮熟。

做法

① 將麵粉、奶油放入耐熱容器中，鬆鬆地包上保鮮膜，以微波爐600W加熱1分鐘，然後攪拌均勻。
② 一點點加入牛奶攪拌均勻，包上保鮮膜，以微波爐600W再次加熱2分鐘。
③ 加入玉米、培根，包上保鮮膜，以微波爐600W加熱2分鐘。
④ 加入通心粉、鹽和胡椒拌勻，待放涼後，分別取六分之一量，裝在6個鋁箔杯中。
⑤ 鋪上披薩用起司、麵包粉，再撒些巴西里碎，盛入保存容器中，包上保鮮膜，放入冰箱冷凍保存。

食用時
維持冷凍狀態，放入小烤箱烘烤約7分鐘即可享用。

04/03

豬肉馬鈴薯條

材料（2人份）

薄切豬肉片…100克
薩摩炸魚餅…50克
胡蘿蔔…100克
馬鈴薯…3個（300克）
四季豆…5根
麵味露（3倍濃縮）…2大匙
炒熟白芝麻…1小匙
沙拉油…1大匙

蔬菜　冷藏2~3天　OK

事前準備

豬肉≫切成一口大小。
薩摩炸魚餅、胡蘿蔔≫切粗條。
馬鈴薯≫切粗條，放入水中浸泡。
四季豆≫鹽水汆燙，切一半長度。

做法

① 沙拉油倒入平底鍋中熱油，依序放入豬肉、馬鈴薯和胡蘿蔔，以中火炒一下。
② 待馬鈴薯炒熟了，加入麵味露、炸魚餅，蓋上鍋蓋燜煎。
③ 打開鍋蓋，加入四季豆煮至水分收乾，最後撒入白芝麻迅速混拌即成。

Point
■ 建議使用五月皇后（May Queen）品種的馬鈴薯，烹煮後比較不容易爛、碎掉。
■ 烹調過程中若水煮乾，很容易燒焦，所以要適時加入少量水調整。

04/04

西式醃蘆筍甜椒

材料（2人份）

綠蘆筍…5根
紅甜椒…½個
黃甜椒…½個
〈西式泡菜汁液〉
醋…150毫升
水…100毫升
砂糖…3大匙
鹽…1小匙
大蒜…1瓣
月桂葉…1片
紅辣椒…1根

蔬菜
冷藏 2~3天
OK

事前準備

綠蘆筍》切掉尾端根部較硬的部分，用削皮刀削掉下方約3公分長的外皮，最後長度切成3等分。
甜椒》切1公分寬。
大蒜》切薄片。

做法

① 取一個小鍋，倒入西式泡菜汁液的所有材料開始煮，煮滾後離火，放涼至可用手觸摸的溫度。
② 煮一鍋滾水，加入少許鹽（材料量之外），先放入綠蘆筍、甜椒汆燙約30秒，撈出放在濾網上放涼，擦乾水分。
③ 將做法①、②放入保存容器中，移入冰箱冷藏2～3小時即成。

Point
■ 迅速汆燙蔬菜後撈出，才能維持清脆的口感。
■ 也可以放入百里香、迷迭香等其他香草植物，香味更豐富。

04/05

薑煮豬肉杏鮑菇

材料（2人份）

薄切豬肉片…200克
杏鮑菇…2根
蒟蒻…1片（220克）
薑…1片
A
砂糖…1大匙
酒…2大匙
味醂…2大匙
醬油…2大匙
沙拉油…2小匙

肉
冷藏 2~3天
OK

事前準備

杏鮑菇》縱切對半，再切薄片。
蒟蒻》切0.5公分寬的粗條後用水洗淨，放入耐熱容器中，包上保鮮膜，以微波爐600W加熱約2分鐘，再次洗淨，確實擦乾水分。
薑》切絲。

做法

① 沙拉油倒入平底鍋中熱油，放入蒟蒻炒一下，待蒟蒻都沾附了油，放入豬肉拌炒。
② 待豬肉炒至顏色變白，加入杏鮑菇拌炒，續入薑、材料A，煮至水分收乾，食材表面沾附醬汁，最後依個人喜好，撒上紅辣椒絲裝飾即成。

Point
■ 蒟蒻事先以微波爐加熱，可以去掉腥味，加入調味料後較容易煮至入味。
■ 也可以加入鴻喜菇、舞茸等蕈菇類食材，變化菜色，永遠吃不膩。

04/06

微波醬汁炒麵

OK（微波）　冷凍2週　麵

材料（6個）

炒麵麵條…1球
豬梅花薄肉片…60克
高麗菜…90克
胡蘿蔔…20克
洋蔥…30克
雞高湯粉…½小匙
沙拉油…1小匙
鹽、胡椒…少許
隨包附的炒麵醬汁…1包

事前準備

炒麵》切成4等分。
豬肉、高麗菜》切成一口大小。
胡蘿蔔》切粗條。
洋蔥》切0.7公分厚。

做法

① 將豬肉、雞高湯粉、沙拉油、鹽和胡椒放入耐熱容器中混拌均勻。
② 將炒麵加入做法①的盆中，然後在炒麵上排放高麗菜、胡蘿蔔和洋蔥。
③ 倒入炒麵醬汁，鬆鬆地包上保鮮膜，以微波爐600W加熱約5分鐘。
④ 將做法③充分拌勻後，分別取六分之一量，裝在6個料理小杯中，待放涼後，可依喜好加入紅薑或青海苔裝飾。

Point

- 豬肉先以沙拉油和雞高湯粉均勻拌過，完成的料理能散發出炒類料理的風味。
- 因爲是將蔬菜排放在炒麵上，蔬菜出的水分可以使炒麵充分蒸熟。

食用時

要盛入便當盒時，先以微波爐加熱後放涼，再裝入便當盒中即可。

20分鐘

04/07

蜂蜜薑燒鮭魚油豆腐

魚　冷藏 2~3天　OK

材料（2人份）

鮮嫩鮭魚…3片
鹽…少許
麵粉…適量
油豆腐…1塊
A
薑泥…½大匙
酒…1大匙
砂糖…½大匙
蜂蜜…1大匙
醬油…1大匙
沙拉油…2大匙

事前準備

鮭魚》撒上鹽，切成4等分，兩面撒些麵粉輕拍均勻。
油豆腐》先對切一半，再切成一口大小。

做法

① 沙拉油倒入平底鍋中熱油，放入鮭魚、油豆腐煎一下，煎至上色後翻面，蓋上鍋蓋，以中小火燜煎約3~4分鐘。
② 加入材料A，煮至水分收乾，食材表面沾附醬汁即成。

20分鐘

04/08

美乃滋薑燒雞胸肉

肉　冷藏 2~3天　OK

材料（2人份）

雞胸肉…1片（250克）
洋蔥…½個
鹽、胡椒…少許
太白粉…適量
日式美乃滋…2大匙
A
薑泥…1大匙
酒…3大匙
味醂…3大匙
醬油…2大匙

事前準備

雞肉》切掉多餘的筋和脂肪，切斜片。
洋蔥》切薄片。

做法

① 將雞肉放在工作檯上，蓋上保鮮膜，用擀麵棍輕敲打幾下使雞肉變平。兩面都撒上鹽、胡椒和太白粉稍微抓拌。
② 美乃滋倒入平底鍋中加熱，放入做法①煎，待兩面都煎至上色，加入洋蔥拌炒。
③ 加入材料A，煮至水分收乾，食材表面沾附醬汁即成。

Point

■ 將雞胸肉斜切以切斷纖維，再輕輕敲打，可防止雞肉煎的時候回縮。
■ 撒些許太白粉抓拌，可以讓烹調好的雞胸肉口感柔軟且多汁。

04/09

醬汁浸泡煎雙色蘆筍

材料（2人份）

綠蘆筍…6根
白蘆筍…6根
橄欖油…1大匙
鰹魚風味調味料…$\frac{1}{3}$小匙

A
薑泥…1小匙
酒…1大匙
味醂…1大匙
醬油…1大匙

蔬菜
冷藏 2～3 天
OK

事前準備

綠蘆筍≫切掉尾端根部較硬的部分，用削皮刀削掉下方約3公分長的外皮。

白蘆筍≫切掉尾端根部較硬的部分，用削皮刀削掉穗尖以下的外皮。皮留下備用。

做法

① 平底鍋中倒入水加熱，煮滾後加入少許鹽（材料量之外）、白蘆筍和白蘆筍皮，煮約4～5分鐘，取出蘆筍，然後取150毫升的煮蘆筍水備用。
② 橄欖油倒入平底鍋中熱油，放入綠蘆筍、白蘆筍煎至兩面金黃上色，取出。
③ 將做法①預留的煮蘆筍水倒入平底鍋中，加入材料A煮滾。
④ 將做法②放入保存容器中，倒入做法③，待放涼後，移入冰箱冷藏保存即成。

Point

■在做法①中，將白蘆筍皮一起放入鍋中煮，香氣更濃郁。

04/10

甜辣炒魩仔魚乾大豆

材料（2人份）

水煮大豆…200克
魩仔魚乾…30克
太白粉…1大匙
砂糖…1 ½大匙
醬油…1 ½大匙
沙拉油…3大匙

魚
冷藏 4～5 天
OK

事前準備

大豆≫瀝乾水分。

做法

① 將大豆、魩仔魚乾和太白粉倒入盆中充分混拌均勻。
② 沙拉油倒入平底鍋中以大火熱油，放入做法①拌炒。
③ 等炒至褐色，用廚房紙巾擦掉多餘的油分，加入砂糖和醬油。
④ 以中火拌炒均勻，小心不要炒焦。

Point

■這道料理的烹調關鍵在於，將大豆的水分充分炒乾，至呈褐色。

04/11

滿滿蔬菜雞肉普羅旺斯燉菜

⏱40分鐘

材料（4人份）

雞腿肉…300克
洋蔥…½個
胡蘿蔔…1根
蓮藕…150克
南瓜…200克
大蒜…2瓣
橄欖油…2大匙
A
切丁蕃茄罐頭…1罐
法式清湯粉…1小匙
鹽、胡椒…少許
月桂葉…2片

肉
冷藏 3~4天
OK

事前準備

雞肉》切掉多餘的皮和脂肪，再切成一口大小。
洋蔥》切1公分小丁。
胡蘿蔔、蓮藕》切滾刀塊。
南瓜》切成一口大小。
大蒜》切碎。

做法

① 將橄欖油、大蒜放入平底鍋中加熱，待散出香氣，放入雞肉，然後煎至兩面都上色。
② 加入洋蔥、胡蘿蔔、蓮藕和南瓜拌炒。
③ 等蔬菜都煮熟了，加入材料A，煮滾後蓋上鍋蓋，以小火燉煮約20分鐘。

食用時
可以鋪在法國麵包上，或是當作煎蛋捲、義大利麵等的配菜。

04/12

和風漬煎蔬菜

⏱20分鐘

材料（2人份）

剛採收的小洋蔥…½個
綠蘆筍…3根
黃甜椒…½個
蓮藕…100克
A
麵味露（免稀釋）…40毫升
醋…80毫升
柚子醋醬油…120毫升
沙拉油…1大匙

蔬菜
冷藏 2~3天
OK

事前準備

洋蔥》切月牙片。
綠蘆筍》切掉尾端2公分，用削皮刀削掉較粗的外皮，去掉莖上面三角形的鱗片，斜切成4等分。
黃甜椒》切大塊的滾刀塊。
蓮藕》切半月形片。

做法

① 沙拉油倒入平底鍋中熱油，排入蔬菜開始煎，煎至上色後放入保存容器中。
② 將材料A倒入平底鍋中煮滾。
③ 將做法②倒入保存容器中，待放涼後關緊瓶蓋，放入冰箱冷藏2~3小時至入味即成。

Point
■可以換成自己喜愛的蔬菜製作，變化不同菜色。

04/13

蒜香醬油小棒腿

15分鐘

材料（2人份）

雞小棒腿…8支
鹽、胡椒…少許
大蒜…3瓣
A
酒…3大匙
味醂…3大匙
醬油…3大匙
芝麻油…1小匙

事前準備

雞小棒腿≫用叉子在肉表面戳些小洞，撒上鹽、胡椒。
大蒜≫用菜刀拍壓碎。

肉
冷凍 2週
OK

做法

① 將小棒腿、大蒜和材料A放入食物保鮮袋中仔細揉捏。
② 將小棒腿平攤，不要重疊壓到，壓出袋內空氣。袋口密封壓好，整袋移入冰箱冷凍保存。

食用時
整袋放入冰箱冷藏半解凍，放入平底鍋中以中火加熱，蓋上鍋蓋，燜煎約10分鐘。打開鍋蓋，用料理筷一邊翻動，一邊燉煮至收汁即可享用。

Point
■用叉子在小棒腿的表面戳些小洞，可使調味料更易入味，風味更佳。
■可以先取一半量的大蒜磨成泥後加入，更能引出香氣。

04/14

蔥味噌柚子醋醬油漬茄子

20分鐘

材料（2人份）

茄子…3根
大蔥…1根
A
蜂蜜…2小匙
薑泥…1小匙
柚子醋醬油…3大匙
調合味噌…½大匙
炒熟白芝麻…1大匙
沙拉油…適量

事前準備

茄子≫縱切對半，在表面劃上斜刀紋，再切成3等分。
大蔥≫蔥白切蔥絲。

蔬菜
冷藏 2~3天
OK

做法

① 將蔥和材料A放入大一點的盆子中，混合均勻。
② 沙拉油倒入平底鍋中熱油，放入茄子煎炸至顏色變得鮮豔。
③ 趁茄子還溫熱，和做法①一起倒入保存容器中，讓食材入味。

Point
■這道小菜愈醃漬愈入味，更好吃！

04/15

超辣味拌雞柳高麗菜

10分鐘

OK（微波）　冷藏 2~3 天　肉

材料（2人份）

雞柳…3條
酒…2大匙
鹽、胡椒…少許
春天的高麗菜…¼個

A
- 蒜泥…1小匙
- 砂糖…1大匙
- 醋…2大匙
- 醬油…2大匙
- 炒熟白芝麻…1大匙
- 辣油…½大匙

事前準備

雞柳≫去掉筋膜，撒上鹽、胡椒稍微抓拌。

春天的高麗菜≫切成一口大小。

材料A≫混拌均勻。

做法

① 將高麗菜放入耐熱容器中，鋪上雞柳，鬆鬆地包上保鮮膜，以微波爐600W加熱6分鐘。

② 待放涼後，擦乾水分，將雞柳剝成絲。

③ 將材料A畫圈淋入做法②，混拌至所有食材都入味即成。

保存&食用時

放涼後裝入保存容器中，移入冰箱冷藏保存。

Point

- 微波加熱的過程中，可以將雞柳取出，翻面後再放回加熱，肉可以更快熟透。
- 可以用雞胸肉取代雞柳，料理一樣可口。
- 辣油的分量可依個人對辣的接受度調整。

04/16

濃郁鮮菇肉醬

25分鐘

其他
冷藏 5 天
OK

材料（2人份）

豬牛混合絞肉…200克
杏鮑菇…1包（100克）
香菇…6朵
洋蔥…1個
大蒜…2瓣
橄欖油…1大匙
切丁蕃茄罐頭…1罐
A
酒…3大匙
法式清湯粉…½大匙
B
砂糖…½大匙
鹽…⅓小匙
烏斯特黑醋…50毫升
蕃茄醬…50毫升

事前準備

杏鮑菇、香菇≫切粗碎。
洋蔥、大蒜≫切碎。

做法

① 橄欖油倒入平底鍋中熱油，放入大蒜以小火拌炒，待炒出香氣後加入杏鮑菇、香菇和洋蔥，以中火拌炒約5分鐘。
② 待洋蔥變成透明，加入絞肉拌炒，等絞肉的顏色變了，加入材料A，蓋上鍋蓋，以中火燉煮10分鐘。
③ 打開鍋蓋，加入材料B，以中大火再燉煮約5分鐘即成。

Point
■ 將香菇和洋蔥一起放入鍋中充分拌炒，可以釋放出香菇的鮮美味。

04/17

辣味金平牛肉牛蒡

15分鐘

蔬菜
冷凍 2 週
OK

材料（2人份）

薄切牛肉片…200克
鹽、胡椒…少許
牛蒡…1根
胡蘿蔔…½根（75克）
A
酒…1大匙
味醂…1大匙
砂糖…½大匙
醬油…1大匙
豆瓣醬…1小匙
芝麻油…1大匙

事前準備

牛肉≫撒入鹽、胡椒。
牛蒡≫切5公分長細條，放入水中浸泡5分鐘。
胡蘿蔔≫切5公分長細條。

做法

① 煮一鍋滾水，放入牛蒡迅速汆燙1～2分鐘，撈出放在濾網上放涼，再用廚房紙巾充分吸乾水分。
② 將牛肉、牛蒡和胡蘿蔔放入密封保鮮袋中，加入材料A充分搓揉。
③ 擠出保鮮袋中的空氣後整袋攤平，袋口密封，放入冰箱冷凍保存。

食用時
將冷凍狀態的食材直接放入平底鍋中，加入1大匙水，蓋上鍋蓋，以中火燜煎約3～4分鐘，打開鍋蓋，炒至水分收乾。可依個人喜好，加入炒熟白芝麻一起享用。

⏱15分鐘

04/18

拿坡里風味蘿蔔絲乾

OK（微波）　冷藏2～3天　蔬菜

材料（2人份）

蘿蔔絲乾…50克
青椒…2個
紅甜椒…½個
洋蔥…1個
培根…4片（約90克）
大蒜…1瓣
鹽、胡椒…少許
蕃茄醬…4大匙（60克）
昆布茶…1小匙
橄欖油…1大匙

事前準備

蘿蔔絲乾≫倒入可以蓋過蘿蔔絲乾的水量，浸泡10～15分鐘，瀝乾水分後切成易食用的長度。
青椒、紅甜椒、洋蔥≫切細絲。
培根≫切0.5公分寬。
大蒜≫切碎。

做法

① 橄欖油倒入平底鍋中熱油，放入大蒜以小火拌炒，待炒出香氣後加入培根，以中火炒至酥脆。
② 用廚房紙巾擦掉鍋面多餘的油分，放入青椒、紅甜椒和洋蔥，以中火拌炒，待食材都沾附了油，加入蘿蔔絲乾迅速拌炒。
③ 加入蕃茄醬、昆布茶，炒至水分收乾，撒入鹽、胡椒調味即成。

Point

■ 料理冷卻之後會凝固，所以要用廚房紙巾輕輕地擦掉培根出的油脂。

@rosso___

04/19

粒粒玉米燒賣

肉
冷藏 2~3天
OK

材料（2人份）

雞絞肉…300克
洋蔥…¼個
玉米罐頭…200克
太白粉…1大匙
A
- 砂糖…1小匙
- 鹽、胡椒…少許
- 醬油…2小匙
- 雞高湯粉…1小匙
- 芝麻油…1大匙

酒…1大匙

事前準備

洋蔥≫切碎。
玉米≫以濾網瀝乾水分，撒入太白粉混拌均勻。

做法

① 將絞肉、洋蔥和材料A放入盆中混合攪拌至產生黏性。
② 將做法①分成一個個同樣分量的乒乓球大小肉丸，並在肉丸表面黏上玉米粒。
③ 將做法②排在耐熱盤中，畫圈淋入酒，鬆鬆地包上保鮮膜，以微波爐600W加熱7分鐘至熟即成。

Point
■用手將玉米粒稍微用力壓入肉丸，使黏在表面，加熱時比較不容易脫落。

04/20

無醬汁麻婆豆腐

肉
冷凍 2週
OK

材料（容易製作的分量）

板豆腐…1塊（300克）
豬絞肉…100克
芝麻油…1大匙
A
- 大蔥…⅓根
- 大蒜…1瓣
- 薑…1片
- 豆瓣醬…2小匙
- 酒…1大匙

B
- 醬油…1大匙
- 雞高湯粉…1小匙

事前準備

板豆腐≫用兩張廚房紙巾包好，以重物壓20分鐘使其出水，倒掉水。
大蔥、大蒜、薑≫切碎。

做法

① 板豆腐剝成大塊放入平底鍋中，一邊弄散，一邊炒至水分收乾，炒至細細顆粒後先取出備用。
② 芝麻油倒入平底鍋中熱油，放入材料A以中火拌炒。
③ 待炒出香氣後加入豬絞肉翻炒，炒至顏色變白後加入做法①繼續炒一下。
④ 加入材料B混拌後先離火，放涼，盛入料理小杯中，放入保存容器，移入冰箱冷凍保存。

食用時
在裝入便當前，從冷凍取出，以微波爐600W加熱30秒～1分鐘，然後吸乾水分，等放涼之後就能盛裝了。

04/21

和風漬煎香蔥

材料（2人份）

大蔥…3根
芝麻油…1大匙
〈醃漬汁液〉
柴魚昆布高湯…100毫升
（鰹魚風味調味料…½小匙
水…100毫升）
醋…150毫升
砂糖…3大匙
醬油…1小匙
薑…1片

10分鐘

蔬菜
冷藏 2~3天
OK

事前準備

大蔥≫切5公分長。
薑≫切薄片。

做法

①芝麻油倒入平底鍋中熱油，排入大蔥以中大火煎，煎至表面上色後取出，放涼後裝入保存瓶中。
②取一個小鍋，倒入醃漬汁液的所有材料開始煮，煮滾後離火，放涼至可用手觸摸的溫度。
③將做法②倒入做法①的保存瓶中，放入冰箱冷藏2~3小時使其入味即成。

Point
■大蔥煎至上色後會散發出香氣，是這道料理美味的關鍵。

04/22

私房金針菇茸菇醬

材料（容易製作的分量）

金針菇…2包（400克）
A
酒…50毫升
味醂…50毫升
砂糖…2小匙
醬油…50毫升
鰹魚風味調味料…½小匙
醋…1½大匙

10分鐘

飯
冷藏 3~4天
OK

事前準備

金針菇≫切掉根部，長度切成3等分。

做法

①將金針菇、材料A放入平底鍋中，以中火煮滾。
②一邊攪拌，一邊燉煮至收汁，最後滴入醋再次煮滾即成。

Point
■最後煮好後加入醋，不僅可以提味，還可以延長品嘗時間。
■除了鋪在米飯、搭配義大利麵食用，也可依個人喜好變化其他吃法。

保存&食用時
移入保存容器中，放涼後，再放進冰箱冷藏保存。

04/23

味噌美乃滋煎蒜味雞肉

材料（2人份）

雞腿肉…2片
洋蔥…1個
蒜泥…1瓣分量
A
日式美乃滋…3大匙
味噌…2大匙
酒…3大匙
醬油…½大匙

肉
冷凍 2週
OK

事前準備

雞肉»切成一口大小。
洋蔥»先對半切，再順著纖維切0.7公分厚。

做法

① 將雞肉、洋蔥、蒜泥和材料A放入密封保鮮袋中，充分搓揉。
② 擠出保鮮袋中的空氣後整袋攤平，袋口密封，放入冰箱冷凍保存。

保存&食用時

取一半量的冷凍食材直接放入平底鍋中，加入2大匙水，蓋上鍋蓋，以中火燜煎5分鐘，然後打開鍋蓋，炒至水分收乾即可享用。

Point

■ 放入冰箱冷凍前，用手指或料理筷隔著保鮮袋先劃分好每次的食用量，這樣冷凍後也可以輕鬆取出單次所需的分量加熱。

04/24

辣味噌鮪魚高麗菜

材料（2人份）

水煮鮪魚罐頭…1罐（70克）
高麗菜…200克
A
調合味噌…½大匙
醬油…1小匙
砂糖…1小匙
豆瓣醬…½小匙
芝麻油…½大匙
炒熟白芝麻…1½大匙

蔬菜
冷藏 2~3天
OK

事前準備

鮪魚罐頭»輕輕瀝乾水分。
高麗菜»取下菜芯，葉片切成大片。

做法

① 將高麗菜放入耐熱容器中，鬆鬆地包上保鮮膜，以微波爐600W加熱2分30秒，吸乾水分。
② 將材料A、鮪魚倒入另一個盆中，讓鮪魚肉入味，然後加入做法①充分拌勻，最後撒上白芝麻即成。

Point

■ 如果是使用油漬鮪魚製作這道料理，芝麻油的量減少到½小匙即可。

04/25

韓式拌鹽味菠菜櫻花蝦

蔬菜 冷藏 2~3天 OK

材料(2人份)

菠菜…1把(200克)
櫻花蝦…5克
炒熟白芝麻…1大匙
芝麻油…1½大匙
蒜泥…½小匙
鹽…⅓小匙

事前準備

大蔥≫切碎末。

做法

① 煮一鍋滾水,加入少許鹽(材料量之外),先放入菠菜煮約1分鐘,用濾網撈出放涼,確實擠乾水分,切成3公分長。

② 將芝麻油、蒜泥和鹽倒入盆中充分拌勻,放入做法①的菠菜、櫻花蝦和白芝麻,迅速混拌均勻即成。

Point

■ 煮好的菠菜要仔細擠乾水分,做好的料理才不會濕濕的。

■ 櫻花蝦也可以先乾煎過再加入,香氣會更濃郁。

04/26

中式糯米握飯團餡料

飯 冷凍 2週 OK

材料(4人份)

豬梅花肉塊…150克
乾香菇…10克
大蔥…½根
鹽、胡椒…適量
A
酒…1大匙
砂糖…1大匙
醬油…3大匙
蠔油…1大匙
泡乾香菇的水…2大匙
芝麻油…1大匙

事前準備

豬肉≫切1公分小丁。
乾香菇≫放入水中泡軟,擠乾香菇的水分,切1公分小丁。泡乾香菇的水留下2大匙備用。
大蔥≫切碎。

做法

① 芝麻油倒入平底鍋中熱油,放入豬肉,撒入鹽、胡椒,一邊擦掉多餘的油分,一邊把豬肉炒至上色。

② 加入香菇、大蔥拌炒,倒入材料A,拌炒至汁液剩差不多一半量時離火。

③ 待放涼後,分成2等分,分別放入保鮮袋中,徹底擠出袋中的空氣後密封,放入冰箱冷凍保存。

食用時

放入冷藏半解凍,倒入耐熱容器中,鬆鬆地包上保鮮膜,以微波爐600W加熱2分鐘。可以和溫熱的米飯混拌食用(1袋約可搭配250克米飯享用)。

04/27

韓風蓮藕炸雞

材料（2人份）

雞腿肉…2片（500克）
蓮藕…250克
芝麻油…1大匙

A
蒜泥…1小匙
薑泥…1小匙
韓國辣椒醬…2大匙
豆瓣醬…2大匙
砂糖…1大匙
醬油…1大匙
雞高湯粉…1小匙
芝麻油…1小匙

肉
冷藏 2~3 天
OK

事前準備

雞肉》切掉多餘的皮和脂肪，再切成一口大小。

蓮藕》切成0.5公分厚的半月形，放入醋水中浸泡。

做法

1. 將雞肉、材料A放入盆中充分搓揉。
2. 芝麻油倒入平底鍋中熱油，放入蓮藕拌炒，炒至上色後先取出備用。
3. 將做法①放入做法②的平底鍋中，拌炒7～8分鐘至雞肉變色，接著倒入蓮藕，全部食材都拌炒均勻。可依個人喜好加入蔥白絲裝飾。

Point

■雞肉很容易燒焦，請一邊拌炒，一邊注意雞肉的情況。

04/28

味噌煮牛蒡蒟蒻

材料（2人份）

牛蒡…1根（150克）
蒟蒻…1片（200克）
柴魚昆布高湯…150毫升

A
酒…1大匙
味醂…2大匙
醬油…½大匙
調合味噌…2大匙
芝麻油…1大匙

蔬菜
冷藏 2~3 天
OK

事前準備

牛蒡》表面斜劃入刀紋，切成4公分長，再放入水中浸泡。

蒟蒻》在表面劃格子狀紋路，再切成一口大小。

做法

1. 煮一鍋滾水，放入蒟蒻煮約3分鐘，撈出放在濾網上瀝乾水分。
2. 芝麻油倒入平底鍋中熱油，放入牛蒡炒一下。
3. 待牛蒡都沾附了油，放入蒟蒻迅速拌炒，加入柴魚昆布高湯、材料A，放入鍋內蓋壓在食材上，以小火煮約10分鐘，至牛蒡變軟。
4. 打開鍋內蓋，煮至湯汁收乾。可依個人喜好，撒入白芝麻一起享用。

Point

■牛蒡要煮到可以用竹籤穿刺而過的軟度。

■喜歡吃辣的人，建議加入紅辣椒烹調成辣味料理。

04/29

超辣醬油漬毛豆莢

材料（2人份）

毛豆莢…200克
鹽…2小匙
大蒜…1瓣
A
砂糖…½大匙
味醂…50毫升
醬油…50毫升
水…100毫升
芝麻油…1大匙
紅辣椒（切圓片）…1根

蔬菜
冷藏 3~4天
OK

事前準備

毛豆莢 » 豆莢的兩端切掉。
大蒜 » 切薄片。

做法

① 將毛豆莢放入盆中，加入鹽搓揉。
② 在鍋中倒入水（材料量之外）煮滾，放入做法①煮約4~5分鐘，撈起瀝乾，放入耐熱容器中。
③ 將材料A倒入盆中，以微波爐600W加熱3分鐘。
④ 將做法③倒入做法②中，放入冰箱冷藏一晚，醃漬入味即成。

04/30

培根醬

材料（2人份）

培根…5片
香腸…3根
洋蔥…½個
大蒜…1瓣
橄欖油…1大匙
A
水…50毫升
蜂蜜…1大匙
巴薩米哥醋…½大匙
法式芥末籽醬…½大匙
月桂葉…1片
即溶咖啡粉…1小匙
鹽…¼小匙
黑胡椒…¼小匙

其他
冷藏 5天

事前準備

培根、香腸、洋蔥、大蒜 » 切碎。

做法

① 橄欖油倒入平底鍋中熱油，放入培根、香腸炒至出油，並且上色。
② 加入洋蔥、大蒜，炒至洋蔥軟透。
③ 加入材料A，炒至水分收乾，最後加入鹽、黑胡椒調味即成。

Column 小專欄 4

輕鬆製作常備菜！

烹調小技巧 HACK！

Part 2

雖然只是一些小撇步，但這裡要介紹一些能更輕鬆、
有效率製作常備菜的烹調小技巧！

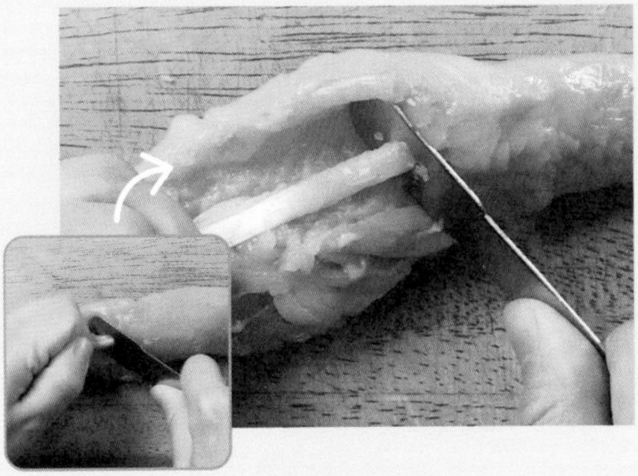

雞柳 ①

把筋膜穿過量匙柄的洞後拉至底，
就能輕鬆去掉筋膜了。

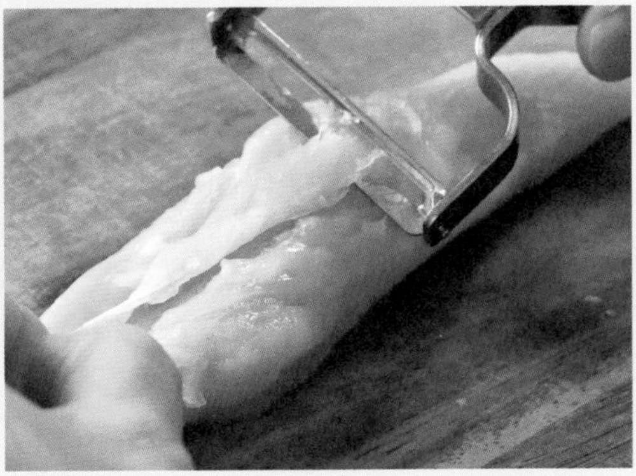

雞柳 ②

利用削皮刀也可以簡單去掉筋膜。

蒟蒻 ①

使用刮絲器或叉子，
迅速地在表面劃上格紋。

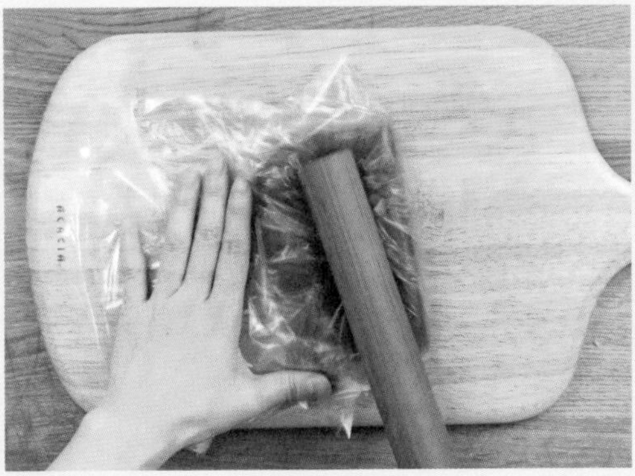

蒟蒻 ①

放入袋中用擀麵棍輕輕敲打，
比較容易入味。

利用一些小撇步，製作常備菜更輕鬆！

05/01

清湯奶油炒雞胸肉舞菇

肉
冷藏 2~3天
OK

材料（2人份）

雞胸肉⋯1片（200克）
舞菇⋯1包（100克）
紅甜椒⋯½個
酒⋯1大匙
法式清湯粉⋯1小匙
鹽⋯少許
粗粒黑胡椒⋯少許
無鹽奶油⋯15克

事前準備

雞肉》切成一口大小，撒入少許鹽、黑胡椒（材料量之外）。
舞菇》切掉根部，剝散。
紅甜椒》切絲。

做法

① 奶油倒入平底鍋中熱油，雞皮那面朝下放入鍋中，煎至兩面都呈金黃。
② 依序加入舞菇、紅甜椒拌炒，待炒軟之後加入酒、法式清湯粉迅速拌炒，最後再撒入鹽、黑胡椒調味即成。

Point
■ 舞菇加熱後會出水，所以要用大火迅速快炒。
■ 可依個人喜好，加入醬油、味噌，更增添風味層次。

05/02

海苔鹽味奶油炒蓮藕杏鮑菇

蔬菜
冷藏 2~3天
OK

材料（2人份）

蓮藕⋯150克
杏鮑菇⋯3根
無鹽奶油⋯25克
鹽、胡椒⋯少許
青海苔粉⋯1大匙

事前準備

蓮藕》縱切粗條，放入水中浸泡5分鐘。
杏鮑菇》用手撕成條。

做法

① 奶油倒入平底鍋中熱油，放入蓮藕拌炒，待全都沾附了奶油，蓋上鍋蓋，以小火燜煎約3分鐘。
② 加入杏鮑菇，以中火拌炒約3分鐘，再加入鹽、胡椒和青海苔粉混拌均勻即成。

Point
■ 蓮藕經過燜煎，可以品嘗到外層清脆、內部鬆軟的口感。
■ 杏鮑菇用手撕成條，不僅提升口感，醬汁更易入味。

25分鐘

05/03

超好做鮪魚馬鈴薯

OK
冷藏2~3天
蔬菜

材料（2人份）

馬鈴薯…3個（450克）
大蔥…1根
鮪魚罐頭…2罐
A
酒…1大匙
味醂…1大匙
砂糖…2大匙
醬油…2大匙
柴魚昆布高湯…100毫升
沙拉油…1大匙

事前準備

馬鈴薯》切成一口大小，放入水中浸泡。
大蔥》斜切薄片。
鮪魚罐頭》瀝掉油分。

做法

① 將馬鈴薯放入耐熱盆中，鬆鬆地包上保鮮膜，以微波爐600W加熱4～5分鐘。
② 沙拉油倒入平底鍋中熱油，放入大蔥炒，待炒軟之後，加入做法①拌炒。
③ 待食材都沾附了油，加入鮪魚、材料A煮滾，繼續煮至水分收乾，食材表面沾附醬汁即成。

Point

■ 將馬鈴薯先以微波爐加熱，可以縮短烹調的時間。
■ 最後記得要煮至水分收乾，食材表面沾附醬汁。

05/04

玉米筍小花肉捲

肉
冷凍 2週
OK

材料（2人份）

豬五花薄片…6片
鹽、胡椒…少許
甜豆莢…12根
水煮玉米筍…6根
太白粉…適量
A
蕃茄醬…2大匙
烏斯特黑醋…1大匙
蜂蜜…1小匙
無鹽奶油…5克
酒…½大匙
沙拉油…½大匙

25分鐘

事前準備

豬肉》撒上鹽、胡椒。
甜豆莢》撕掉兩側的粗纖維。
玉米筍》擦乾水分。

做法

① 在鍋中倒入大量水煮滾，加入少許鹽（材料量之外），放入甜豆莢煮約2分鐘，撈出放入冷水中浸泡，再擦乾水分。
② 取1片豬肉片鋪平，放上2根甜豆莢、玉米筍後捲起，薄薄地撒上太白粉。以相同的方法捲好全部肉捲。
③ 沙拉油倒入平底鍋中熱油，將做法②的肉捲接縫處朝下放入鍋中煎，一邊翻動一邊煎。
④ 煎至整個肉捲都上色後改小火，畫圈淋入酒，蓋上鍋蓋，燜煎約5分鐘。打開鍋蓋，加入材料A，讓肉捲均勻沾附醬汁即成。

保存&食用時
放涼後對半切，盛入料理小杯，全部移到容器中，再放於冰箱冷凍保存。欲食用的半天前，拿到冰箱冷藏解凍，再以微波爐600W加熱30秒～1分鐘。

05/05

馬鈴薯蒟蒻球

蔬菜
冷藏 2～3天
OK

材料（2人份）

日本新馬鈴薯（皮薄，水分含量高）…300克
蒟蒻球…150克
柴魚昆布高湯…100毫升
A
酒…2大匙
味醂…2大匙
醬油…2大匙
砂糖…1大匙

30分鐘

事前準備

新馬鈴薯》切成一樣大小。
蒟蒻球》放入滾水中汆燙2～3分鐘。

做法

① 將馬鈴薯、材料A放入深（高身）平底鍋中，放入鍋內蓋壓在食材上，燉煮約5分鐘。
② 打開鍋內蓋，把蒟蒻球排放在馬鈴薯上，但不要重疊，再次放入鍋內蓋壓在食材上，燉煮約10分鐘。
③ 打開鍋內蓋，一邊混拌食材，一邊繼續燉煮，煮至水分變少，全部食材都均沾附醬汁即成。

Point
■ 為了防止馬鈴薯在烹調過程中碎掉，要小心擺放蒟蒻球，食材不要重疊。

05/06

照燒鵪鶉蛋

⏱10分鐘

材料（容易製作的分量）

水煮鵪鶉蛋⋯18個

A
- 酒⋯1大匙
- 味醂⋯1大匙
- 醬油⋯1大匙
- 砂糖⋯2小匙

其他
冷藏 2~3天
OK

事前準備

鵪鶉蛋≫瀝乾水分。

做法

① 將材料A倒入平底鍋中，以中火煮滾，並且呈濃稠狀。
② 加入鵪鶉蛋，煮至均勻沾附醬汁即成。

Point
■ 醬汁煮得愈濃稠，鵪鶉蛋愈容易入味。

05/07

金平荷蘭豆

⏱15分鐘

材料（2人份）

荷蘭豆⋯80克
胡蘿蔔⋯50克

A
- 砂糖⋯½大匙
- 酒⋯1大匙
- 味醂⋯1大匙
- 醬油⋯1大匙
- 鰹魚風味調味料⋯½小匙

芝麻油⋯½大匙
炒熟白芝麻½大匙

蔬菜
冷藏 2~3天
OK

事前準備

荷蘭豆≫撕掉兩側的粗纖維，切長條。
胡蘿蔔≫切長條。

做法

① 芝麻油倒入平底鍋中熱油，放入荷蘭豆、胡蘿蔔拌炒。
② 加入材料A，拌炒至水分收乾。
③ 最後加入白芝麻混拌一下即成。

Point
■ 食材過度拌炒口感會變差，所以迅速快炒即可。

＊編註：料理名「金平」，一般是指將食材切細，用醬油、砂糖或味醂拌炒的鹹甜風味料理。

05/08

梅柚醬汁拌山藥白蘿蔔葉

冷藏 2~3 天

肉

材料（2人份）

山藥…250克
雞柳…3根
白蘿蔔葉（苗）…20克
醃梅子…2個
酒…2大匙
鹽、胡椒…少許
A
砂糖…2小匙
柚子醋醬油…3大匙
芝麻油…1大匙

事前準備

山藥≫削皮，放入醋水（醋的分量爲水的3%，材料量之外）中浸泡約10分鐘，擦乾水分。
雞柳≫去掉筋膜。
白蘿蔔葉≫長度切對半。
醃梅子≫取出籽，梅肉以菜刀敲碎。

做法

① 將山藥放入食物保鮮袋中，以擀麵棍輕輕敲打。
② 將雞柳放入耐熱容器中，均勻抹上酒、鹽和胡椒，鬆鬆地包上保鮮膜，以微波爐600W加熱2分30秒。
③ 將山藥、雞柳、白蘿蔔葉、醃梅子和材料A倒入盆中，混拌均勻即成。

Point

■ 山藥依敲打程度會呈現不同的口感，可依個人喜好操作。敲打得大片，口感較清脆。此外，山藥經過敲打，可以讓醬汁易入味。

⏱20分鐘

05/09

竹輪五彩肉捲

肉｜冷藏 2~3天｜OK

材料（2人份）

- 竹輪…4根
- 豬五花薄片…8片
- 胡蘿蔔…20克
- 冷凍四季豆…4根
- 鹽、胡椒…少許
- 麵粉…適量
- 沙拉油…1大匙
- A 味醂…2大匙
- A 醬油…2大匙

事前準備

豬肉》撒上鹽、胡椒。

胡蘿蔔》搭配竹輪的長度切成條狀，再以微波爐600W加熱1分鐘。

做法

① 在2根竹輪的孔中，各塞入1條胡蘿蔔；另外2根竹輪的孔中，則各塞入2根四季豆。

② 取2片豬肉稍微重疊鋪平，在靠近自己這端放上做法①後往前捲起，表面薄薄地撒些麵粉。以相同的方式完成其他肉捲。

③ 沙拉油倒入平底鍋中熱油，將做法②接縫處朝下放入鍋中煎，不時翻動煎肉捲。

④ 煎至表面微焦且上色，加入材料A，翻動肉捲，使能均勻沾附醬汁即成。

Point

■ 也可以使用新鮮四季豆製作，但冷凍四季豆比較硬，較容易塞入竹輪的孔中。

@mikishi7283

⏱15分鐘

05/10

柴魚片醬油炒菇菇

蕈菇｜冷藏 4~5天｜OK

材料（2人份）

- 去菇柄香菇…5片
- 金針菇…½包（100克）
- 杏鮑菇…1包（100克）
- 大蔥…¼根
- 葉蔥…¼把
- 芝麻油…1大匙
- 紅辣椒（切圓片）…½根
- 醬油…2大匙
- 鰹魚風味調味料…½小匙
- 柴魚片…5克

事前準備

香菇》切厚片。

金針菇》切成3公分長。

杏鮑菇》長度切3等分，再切薄片。

大蔥》斜切薄片。

葉蔥》切蔥花。

做法

① 芝麻油倒入平底鍋中熱油，放入紅辣椒、香菇、金針菇和杏鮑菇，炒至食材變軟。

② 加入大蔥、葉蔥迅速拌炒，待大蔥炒軟後，加入醬油、鰹魚風味調味料拌炒。

③ 關火，加入柴魚片後混合即成。

Point

■ 關火後再加入柴魚片，柴魚片比較不會結成團狀。

■ 直接享用，或是鋪在米飯上，亦或搭配油豆腐、義大利麵等，都是極佳的可口配菜。

05/11

西式檸檬漬白蘿蔔西洋芹

15分鐘

蔬菜　冷藏 2~3 天　OK

材料（2人份）

白蘿蔔…¼根（250克）
西洋芹…1根（100克）
日本產檸檬…½個
鹽…少許
〈西式泡菜汁液〉
水…100毫升
醋…150毫升
砂糖…3大匙
鹽…1小匙
月桂葉…1片
紅辣椒…1根

事前準備

白蘿蔔≫切成5公分長、1.5公分寬的條狀。
西洋芹≫削掉粗纖維，切5公分長。
檸檬≫拿多一點鹽（材料量之外）摩擦檸檬的表皮，以流動的水洗掉鹽，再切成0.5公分厚的半月形。
紅辣椒≫去籽後切條。

做法

① 在鍋中倒入水煮滾，加入鹽，放入白蘿蔔、西洋芹迅速汆燙，用濾網撈起瀝乾，放涼。
② 取一個小鍋，倒入西式泡菜汁液的所有材料和檸檬開始煮，煮滾後離火，放涼至可用手觸摸的溫度。
③ 將做法①、②倒入消毒好的保存瓶中，蓋上瓶蓋，放入冰箱冷藏醃漬2~3小時。

Point
■白蘿蔔、西洋芹放入滾水中汆燙後立刻撈出，是維持口感清脆的關鍵！

05/12

蜂蜜檸檬煎雞腿

20分鐘

肉　冷藏 2~3 天　OK

材料（2人份）

雞腿肉…2片（500克）
鹽、胡椒…少許
日本產檸檬…½個
橄欖油…1大匙
A
蜂蜜…1大匙
法式芥末籽醬…1大匙
醬油…2小匙

事前準備

雞肉≫切掉多餘的皮和脂肪，切成略大的一口大小，撒入鹽、胡椒揉捏。
檸檬≫拿多一點鹽（材料量之外）摩擦檸檬的表皮，以流動的水洗掉鹽，再切成0.3公分厚的半月形。
材料A≫混拌均勻。

做法

① 橄欖油倒入平底鍋中熱油，雞皮那面朝下放入鍋中，煎至上色後翻面，蓋上鍋蓋，燜煎約5分鐘。
② 待雞肉煎熟，用廚房紙巾擦掉鍋中多餘的油分，加入材料A、檸檬，迅速拌至食材都沾附醬汁即成。

Point
■如果使用外國產的檸檬，檸檬表皮可能會殘留防霉劑、農藥，必須去除外皮後再使用。

05/13

脆梅薑味煎豬肉

肉　冷凍2週　OK

材料（2袋分量）

- 豬五花薄片…300克
- 日本脆梅…6個
- 洋蔥…½個（100克）
- A
  - 酒…2大匙
  - 砂糖…1大匙
  - 醬油…2大匙
  - 味醂…2大匙
  - 薑泥…1大匙

事前準備

日本脆梅》取出籽，梅肉切粗碎。

洋蔥》切0.5公分寬的半月形。

材料A》混拌均勻。

做法

① 取2個密封保鮮袋，分別裝入一半量的豬肉、脆梅、洋蔥和材料A揉搓。

② 徹底擠出保鮮袋中的空氣後密封，放入冰箱冷凍保存。

食用時

欲食用的半天前，拿到冰箱冷藏半解凍。將½小匙沙拉油倒入平底鍋中熱油，倒入1袋食材，蓋上鍋蓋，燜煎約5分鐘。打開鍋蓋，拌炒至水分收乾。可依個人喜好，搭配大葉（紫蘇葉）一起享用。

05/14

醃漬茄子

飯　冷藏1週　OK

材料（2人份）

- 茄子…3根
- 薑…1片
- A
  - 柴魚昆布高湯…100毫升（鰹魚風味調味料…½小匙　水…100毫升）
  - 醬油…70毫升
  - 醋…50毫升
  - 味醂…50毫升
  - 砂糖…2大匙

事前準備

茄子》切略小的滾刀塊，撒上½大匙鹽（材料量之外）抓醃，放置約15分鐘，再吸乾水分。

薑》切絲。

做法

① 將材料A倒入鍋中煮滾，放入茄子、薑繼續煮。

② 煮滾後離火，放置約15分鐘，至可用手觸摸的溫度。

Point

■ 茄子燉煮太久會變軟且濃稠，所以一煮滾後要立刻離火。

■ 茄子已經充分入味，可以當作拌飯料食用。

05/15

混拌就能做！簡單雞肉飯配料

15分鐘

OK

冷凍 2 週

飯

材料（2袋）

雞腿肉…300克
洋蔥…½個
胡蘿蔔…30克
青椒…1個
鹽、胡椒少許
A
蕃茄醬…3大匙
法式清湯粉…2小匙
無鹽奶油…15克

事前準備

雞肉》切掉多餘的筋和脂肪，切1公分小丁。
洋蔥、胡蘿蔔、青椒》切絲。

做法

① 平底鍋燒熱，放入奶油融化，加入雞肉，撒入鹽、胡椒後拌炒，待炒至上色，加入洋蔥、胡蘿蔔和青椒，拌炒至食材全都熟了。
② 加入材料A混拌，所有食材都沾附醬料後離火，放涼。分成2等分，放入密封保鮮袋中，擠出保鮮袋中的空氣後密封，放入冰箱冷凍保存。

保存&食用時

放入冰箱冷藏半解凍，倒入耐熱容器中，鬆鬆地包上保鮮膜，每一袋分量都以微波爐600W加熱2分鐘。可以和溫熱的米飯混拌食用（1袋約可搭配250克米飯享用）。

05/16

香菜青醬

材料（容易製作的分量）

香菜（芫荽）…80克
腰果…30克
A
大蒜…1瓣
鹽…½小匙
起司粉…3大匙
橄欖油…100毫升

15分鐘

其他
冷藏 2 週

事前準備

香菜≫切大片。
大蒜≫縱切對半。

做法

① 將腰果放入平底鍋中，乾煎2～3分鐘，取出放涼。
② 將香菜、做法①和材料A放入食物調理機中，攪打成泥狀即成。

Point
■ 如果家中沒有食物調理機，可以用菜刀將香菜、腰果剁得細碎，再混合拌勻也可以。
■ 將完成的香菜青醬倒入保存瓶，倒入1大匙橄欖油（材料量之外）蓋過表面，形成一層油膜，可防止氧化，並保持鮮綠的顏色。放入冰箱冷藏的話會變硬，不過加熱後就能變回液體。

05/17

金平竹筍

材料（2人分）

水煮竹筍…120克
胡蘿蔔…½根（100克）
A
味醂…½大匙
砂糖…1大匙
醬油…2小匙
炒熟白芝麻…1大匙
芝麻油…2小匙

15分鐘

蔬菜
冷藏 2~3 天
OK

事前準備

竹筍≫迅速淋滾水，正中間一節一節白色筍肉用湯匙去掉，長切對半，再切細條。
胡蘿蔔≫切細條。

做法

① 芝麻油倒入平底鍋中熱油，放入竹筍、胡蘿蔔拌炒。
② 煮至食材變軟，加入材料A煮至醬汁收乾，最後撒上白芝麻拌炒均勻即成。

Point
■ 可以選用能輕鬆切成絲的筍類，烹調更方便。
■ 加入切成圓片的紅辣椒，就成了辛辣味可口小菜，推薦給喜愛吃辣的人。

05/18

照燒口袋豆皮鑲肉

肉
冷藏 2~3天
OK（微波）

20分鐘

材料（6個）

炸豆皮…3片
〈肉餡〉
豬絞肉…250克
大蔥…1根
酒…1大匙
鹽、胡椒…少許
太白粉…2小匙
薑泥…1小匙

A
酒…2大匙
砂糖…1大匙
醬油…1大匙

芝麻油…1大匙

事前準備

炸豆皮≫淋滾水去掉油分，從中間切對半，變成開口的袋狀。
大蔥≫切碎。

做法

① 將肉餡的全部食材放入盆中混合攪拌，直到產生黏性，分成6等分，整成圓形，再分別填入袋狀豆皮中，壓平，一共做好6個。
② 芝麻油倒入平底鍋中熱油，排入做法①，煎至兩面微焦，蓋上鍋蓋，燜煎約5分鐘。
③ 加入材料A，煮至醬汁濃稠，並且豆皮均勻沾附醬汁即成。

Point
■ 可以拿一支料理筷放在整片油豆皮上，料理筷一邊壓著油豆皮，一邊滾動整片油豆皮，然後在油豆皮中間切對半，即可輕鬆剝開變成袋狀。
■ 在材料A中加入豆瓣醬，立刻變成一吃上癮的辣味料理。

05/19

柚子醋奶油炒豬肉菇菇

肉
冷藏 2~3天
OK（微波）

15分鐘

材料（2人份）

薄切豬肉片…150克
鹽、胡椒…少許
鴻喜菇…½株
金針菇…1包（200克）
香菇…2朵
酒…1½大匙

A
味醂…1大匙
柚子醋醬油…2大匙
醬油…½大匙

沙拉油…½大匙
無鹽奶油…適量

事前準備

豬肉≫撒上鹽、胡椒。
鴻喜菇、金針菇≫切掉根部，剝散。
香菇≫切掉菇柄，蕈傘切薄片。

做法

① 芝麻油倒入平底鍋中熱油，放入豬肉拌炒，炒至豬肉顏色變白，放入菇類食材，倒入酒，蓋上鍋蓋，以中火燜煎約5分鐘。
② 打開鍋蓋，煮至水分收乾，加入材料A拌炒，趁食材還溫熱時排入奶油，再依個人喜好撒入蔥花（葉蔥）即成。

Point
■ 燜煎時，菇類食材的鮮美味會滲入豬肉，提升料理的風味。
■ 如果減少醬油的用量，增加柚子醋醬油的分量，這道料理口味會變得更清爽。

05/20

奶油醬油炒馬鈴薯牛肉

15分鐘

肉
冷藏 2～3天
OK

材料（2人份）

薄切牛肉片…150克
馬鈴薯…1個（150克）
酒…1大匙
醬油…1大匙
鹽、胡椒…少許
無鹽奶油…10克
沙拉油…½大匙
蔥花…適量

事前準備

牛肉≫切3公分寬。
馬鈴薯≫切0.5公分寬的細條，放入水中浸泡。

做法

① 奶油、沙拉油倒入平底鍋中熱油，放入牛肉，炒至牛肉的表面變色。
② 加入馬鈴薯炒，待食材都沾附了油，倒入酒，拌炒至全部食材都熟了。
③ 加入醬油、鹽和胡椒迅速拌炒均勻，最後撒上蔥花裝飾即成。

Point
■馬鈴薯要先放在冷水中浸泡，再烹調這道料理。

05/21

中式醃漬西洋芹白蘿蔔

20分鐘

蔬菜
冷藏 2～3天
OK

材料（2人份）

白蘿蔔…⅓根（350克）
西洋芹…⅔根（100克）
鹽…1大匙

A
味醂…50毫升
醋…50毫升
醬油…50毫升
砂糖…3大匙
大蒜…1瓣
紅辣椒（切圓片）…1根
山椒粒…1小匙
芝麻油…1大匙

事前準備

白蘿蔔≫切5公分長粗條。
西洋芹≫削掉粗纖維，切5公分長、1公分寬。
大蒜≫切薄片。

做法

① 將材料A倒入鍋中，以中火加熱，煮滾後離火，放涼至可用手觸摸的溫度。
② 將白蘿蔔、西洋芹放入盆中，加入鹽搓揉，放置約15分鐘使其出水，再吸乾水分。
③ 將做法①、②倒入保存容器中，蓋上蓋子，放入冰箱冷藏醃漬約2小時即成。

Point
■記得把食材都切成差不多大小，醃漬入味的時間才能相同。
■可依個人喜好加入八角，讓風味更升級。

⏱25分鐘

05/22

濃郁黑醋糖醋豬肉

OK（微波）　冷藏2~3天　肉

材料（2人份）

豬五花肉塊…200克
A 酒…1大匙
　醬油…1大匙
　胡椒…少許
太白粉…適量
紅甜椒…½個（80克）
洋蔥…½個（100克）
蓮藕…150克
水…2大匙
B 酒…2大匙
　砂糖…2大匙
　黑醋…2 ½大匙
　醬油…1 ½大匙
太白粉水…1大匙
（太白粉…½大匙
水…1大匙）
沙拉油…適量

事前準備

豬肉≫用叉子在肉表面戳些小洞，切成3公分塊狀。

紅甜椒≫切成一口大小的滾刀塊。

洋蔥≫切成2公分厚的月牙形。

蓮藕≫切成一口大小的滾刀塊，放入冷水中浸泡約5分鐘。

做法

① 將豬肉、材料A放入盆中，抓拌揉搓使其入味，撕一張保鮮膜緊貼著食材表面蓋上，放置約10分鐘。

② 擦乾做法①的水分，薄薄地撒入太白粉抓拌一下。將沙拉油倒入鍋中加熱，待油溫達到180℃時，放入豬肉炸3～4分鐘至外表酥脆，先撈出。

③ 將紅甜椒、洋蔥和蓮藕直接放入做法②油鍋中，迅速炸一下至熟。

④ 將材料B放入另一個平底鍋中加熱，煮滾後改小火，畫圈淋入太白粉水芶欠。

⑤ 將做法②、③倒入做法④中，讓食材均勻沾附醬汁即成。

Point

■ 豬肉先用叉子在表面戳些小洞，不僅調味料易揉搓入味，炸好後口感更濕潤。

■ 蔬菜食材油炸前，要充分擦乾水分後再直接放入（不裹麵衣），可避免油爆。

15分鐘

05/23

橄欖油漬鯖魚鬆

材料(2人份)

鹽漬鯖魚…2片
大蒜…1瓣
大葉(紫蘇葉)…2片
日本產檸檬…¼個
橄欖油…適量
鹽…少許
紅辣椒(切圓片)…1根分量

魚
冷藏 4~5天

事前準備

鹽漬鯖魚》去掉骨頭,切5公分寬。
大蒜》切薄片。
檸檬》切四分之一圓片。

做法

① 將1大匙橄欖油(材料量之外)、大蒜倒入平底鍋中加熱,等散發出香氣,先取出大蒜。鹽漬鯖魚的魚皮那面朝下放入鍋中,煎至上色。
② 將做法①的鹽漬鯖魚放入盆中,以叉子弄碎,加入鹽混拌均勻。
③ 將做法②倒入保存容器中,放入大蒜、撕碎的大葉,續入紅辣椒、檸檬,倒入可以蓋過食材的橄欖油量,蓋上蓋子,平放入冰箱冷藏保存約30分鐘。

Point
■ 鹽漬鯖魚煎至上色後,香氣更濃郁。
■ 平放入冰箱冷藏約30分鐘後,就可以享用了!

15分鐘

05/24

拿坡里風味蔬菜蒟蒻絲

材料(2人份)

胡蘿蔔…½根
青椒…2個
洋蔥…¼個
香腸…3根
蒟蒻絲…180克
鹽、胡椒…少許
A
砂糖…1小匙
蕃茄醬…1大匙
醬油…½小匙
鰹魚風味調味料…½小匙
炒熟白芝麻…1大匙
無鹽奶油…10克

蔬菜
冷藏 2~3天

OK

事前準備

胡蘿蔔、青椒》切絲。
洋蔥》切薄片。
香腸》切圓片。
蒟蒻絲》切成易入口的長度,去掉腥味。

做法

① 將奶油倒入平底鍋中加熱,放入胡蘿蔔、青椒、洋蔥、香腸和鹽、胡椒拌炒。
② 炒至食材都軟了,加入蒟蒻絲拌炒。
③ 炒至水分收乾,加入材料A,再次炒至水分收乾,最後撒入白芝麻即成。

Point
■ 可依個人喜好,將紅辣椒切圓片後加入一起拌炒,香辣滋味十分可口。

05/25

自製鮭魚鬆

材料（容易製作的分量）

鮮嫩鮭魚…3片
酒…3大匙
味醂…3大匙
芝麻油…1小匙
醬油…1小匙
炒熟白芝麻…1小匙

飯
冷藏5天
OK

事前準備

鮭魚≫去掉魚骨。

做法

① 將鮭魚、酒和味醂放入平底鍋中，煮約5分鐘。
② 剝掉鮭魚皮，以木匙一邊弄散魚肉，一邊炒至水分收乾。
③ 加入芝麻油、醬油和白芝麻混拌均勻即成。

Point
■ 用酒和味醂煮鮭魚，魚肉的口感會更柔軟膨鬆。
■ 除了和米飯一起食用，也可以搭配義大利麵、三明治享用，美味更加分。

20分鐘

05/26

珍珠菇茸菇醬

材料（容易製作的分量）

珍珠菇…2包（200克）
昆布絲…5克
醬油…4大匙
酒…2大匙
味醂…2大匙
水…200毫升

飯
冷藏2~3天

事前準備

珍珠菇≫用水洗淨。

做法

① 將珍珠菇、昆布絲和水倒入鍋中，蓋上鍋蓋，煮至沸騰。
② 等昆布絲回軟，加入醬油、酒和味醂，蓋上鍋蓋，再繼續燉煮約5分鐘即成。

Point
■ 烹調過程中怕水會從鍋中溢出，可以將鍋蓋稍微打開一點，一邊觀察狀況一邊燉煮。

10分鐘

05/27

培根白蘿蔔捲

20分鐘

蔬菜　冷藏 2~3 天　OK

材料（2人份）

白蘿蔔…8公分長（200克）
培根（對切成半條）…8片
蠔油…1大匙
醬油…1小匙
鹽…少許
粗粒黑胡椒…少許
沙拉油…½大匙

事前準備

白蘿蔔≫切成2公分厚的半圓片。

做法

① 將白蘿蔔放入耐熱容器中，倒入白蘿蔔一半高度的水量，鬆鬆地包上保鮮膜，以微波爐600W加熱8分鐘，加熱至用竹籤可以刺過白蘿蔔的軟度，擦乾水分。
② 取1片培根鋪平，放上做法①後捲起，用牙籤固定。以相同的方法捲好全部培根捲，全部均勻撒上鹽、黑胡椒。
③ 沙拉油倒入平底鍋中熱油，排入做法②，煎至兩面都微焦黃。
④ 畫圈淋入蠔油、醬油，迅速讓肉捲沾附醬汁即成。

Point
■ 先把白蘿蔔加入水，以微波爐加熱，可以縮短煎烤的時間。

05/28

醋拌冬粉

10分鐘

蔬菜　冷藏 2~3 天　OK

材料（2人份）

乾燥冬粉…50克
蛋…1個
火腿…3片
小黃瓜…½根（50克）
胡蘿蔔…20克
A
砂糖…3大匙
醋…3大匙
薄口（淡口、淡色）醬油…1½大匙
炒熟白芝麻…1大匙
芝麻油…1大匙

事前準備

火腿≫切絲。
小黃瓜、胡蘿蔔≫切絲，撒入鹽（材料量之外）抓拌揉搓，待食材軟了，充分擠乾水分。
材料A≫混拌均勻。

做法

① 將蛋打入盆中拌勻成蛋液，然後把蛋液倒入鋪上保鮮膜的平盤上，不用包保鮮膜，以微波爐600W加熱1分30秒，取出放涼，切成蛋皮絲。
② 將冬粉放入耐熱容器中，倒入可以蓋過冬粉的水量，包上保鮮膜，以微波爐600W加熱5分鐘，取出以濾網瀝乾，放入盆中。
③ 將火腿、小黃瓜、胡蘿蔔、做法①和材料A倒入做法②的盆中，混拌均勻即成。

Point
■ 小黃瓜、胡蘿蔔先用鹽抓拌揉搓，調味料更容易入味。

05/29

基本款西式醃蔬菜

⏱30分鐘

OK（微波爐圖示）　冷藏2~3天　蔬菜

材料（容易製作的分量）

白花菜⋯⅓朵（150克）
西洋芹⋯1根（100克）
胡蘿蔔⋯1根（150克）
紅甜椒⋯1個（150克）
小黃瓜⋯1根（100克）

〈西式泡菜汁液〉
醋⋯500毫升
水⋯150毫升
砂糖⋯4大匙（約50克）
鹽⋯2小匙
整粒黑胡椒⋯10粒
紅辣椒⋯1根
月桂葉⋯2片

事前準備

白花菜≫切成易入口的大小。
西洋芹≫切成4公分長粗片。
胡蘿蔔≫切成4公分長粗條。
紅甜椒、**小黃瓜**≫切滾刀塊。

做法

① 取一個鍋子，倒入西式泡菜汁液的所有材料開始煮，煮滾後離火，放涼至可用手觸摸的溫度。
② 另煮一鍋滾水，加入少許鹽（材料量之外），放入蔬菜煮至快要熟前，撈出放在濾網上放涼。
③ 將做法②的蔬菜倒入保存瓶中，倒入做法①的泡菜汁液，至可以蓋過蔬菜的量，蓋上瓶蓋，放入冰箱冷藏醃漬。

Point

- 醃漬的第二天就可以食用了！
- 可以變換蔬菜的種類，泡菜汁液也可以再加入咖哩粉或昆布，做成各種風味的醃漬蔬菜。

05/30

磯邊鬆軟鱈寶雞肉餅

肉

冷藏 2~3 天

OK

材料（2人份）

鱈寶（鱈魚豆腐）…1片（100克）
雞絞肉…200克
大葉（紫蘇葉）…4片
燒海苔…適量
鹽、胡椒…少許
味醂…2大匙
醬油…1大匙
沙拉油…1大匙

事前準備

鱈寶》放入袋子中，用擀麵棍輕敲弄碎。
大葉》切碎。
燒海苔》切粗條片。

做法

① 將鱈寶、絞肉、大葉、鹽和胡椒放入盆中，充分混合攪拌，直到產生黏性的餡料。
② 將做法①手捏整型成扁圓形肉餅，以燒海苔包捲起。
③ 沙拉油倒入平底鍋中熱油，排入做法②，煎至兩面都微焦黃。
④ 味醂和醬油拌勻後倒入，讓肉餅表面均勻沾附醬汁即成。

＊編註：「磯邊」是指用海苔包裹、包捲食材烹調的料理，像磯邊燒（煎烤類料理）、磯邊揚（炸類料理）等。

05/31

山葵柚子醋醬油拌軟茄子

蔬菜

冷藏 2~3 天

OK

材料（2人份）

茄子…3根
A
- 大蔥…½根
- 砂糖…1小匙
- 柚子醋醬油…3大匙
- 山葵…2小匙

沙拉油…適量

事前準備

茄子》縱切對半，在表面劃上斜刀紋，再切成3等分。
大蔥》切碎。

做法

① 沙拉油倒入平底鍋中，倒入約1公分高度，加熱至170°C，放入茄子煎炸，兩面分別都煎2～3分鐘。
② 將材料**A**倒入盆中充分拌勻，加入做法①拌勻即成。

Point

■ 茄子趁烹調得溫熱時加入調味料拌合，可以降低山葵的辛辣味，能品嘗到最佳風味。
■ 山葵的添加量，可依個人喜好和接受度調整。

Column
小專欄 5

美味的常備菜，就是最棒的便當菜！

即便是忙碌緊湊的早晨，只要有了常備菜，也能迅速做好便當。
接著要介紹一些將常備菜裝入便當時的技巧，
以及如何排放得更清爽、簡潔。

常備菜裝入便當時的技巧

1

便當盒清洗後，
要確實擦乾水分。

2

將常備菜以微波爐加熱後放冷卻，
再裝入便當盒。

3

把常備菜的水分確實去掉，
用料理小杯分裝不同菜色，
再放入便當盒。

4

不可以光著手拿取常備菜，
要用料理筷挾取放入便當盒中。

食用便當前的小訣竅

- 盡量將便當盒放在陰涼的地方。
- 天熱時或是長時間攜帶行走時，可準備保冷劑或抗菌貼，防止食物中毒。

排放得更清爽、簡潔的訣竅

Tips 1　先從體積較大的菜依序放入。

Tips 2　放入紅、黃、綠三色料理。

Tips 3　相同顏色的菜，不要緊鄰放在一起。

Tips 4　棕色料理的旁邊，放入綠、黃色料理。

Tips 5　小心排放，避免被便當盒蓋壓壞。

06/01

柚子鹽味沙拉雞肉

材料（2人份）

雞胸肉…2片
砂糖…1小匙
鹽…½小匙
柚子胡椒粉（香橙辣椒粉）…1小匙

肉
冷藏 2~3天
OK

事前準備

雞肉》放置回到常溫，去掉雞皮。

做法

① 在雞肉兩面用叉子在肉表面戳些小洞，撒上砂糖稍微搓揉，接著撒上柚子胡椒粉，同樣稍微搓揉。

② 將做法①放入密封保鮮袋中，徹底擠出保鮮袋中的空氣後密封。

③ 將做法②直接放入電子鍋（炊飯器）中，倒入可以蓋過做法②的滾水，蓋上鍋蓋，保溫1小時。

Point

■ 可以拿盤子等當重物壓在做法②上面，讓做法②能確實浸在滾水中。

■ 蒸氣口堵塞，或是溫度上升過多都可能導致電子鍋（炊飯器）故障，如果察覺家中的電子鍋有異常，請停止加熱。

06/02

磯邊鬆軟鱈寶肉捲

材料（2人份）

鱈寶（鱈魚豆腐）…2片
豬梅花薄肉片…6片
鹽、胡椒…少許
海苔…全形（長21×寬19公分）1張
沙拉油…½大匙
A
酒…2大匙
味醂…2大匙
砂糖…1½大匙
醬油…2大匙

肉
冷藏 2~3天
OK

事前準備

鱈寶》切成3等分。
豬肉》撒上鹽、胡椒。
海苔》切成6等分。

做法

① 取1片豬肉片鋪平，排上海苔和鱈寶，從靠近自己這端往前捲起。以相同的方法捲好全部肉捲。

② 沙拉油倒入平底鍋中熱油，將做法①的肉捲接縫處朝下放入鍋中煎3分鐘，等煎至微焦且上色後，翻面繼續煎2分鐘。

③ 擦掉多餘的油分，倒入材料A，煮至水分收乾，食材表面沾附醬汁即成。

Point

■ 將豬梅花薄肉片、鱈寶煎至上色且微焦，享用時香氣四溢更可口。

■ 除了海苔，也可以替換成起司片或大葉（紫蘇葉）包捲，一樣好吃！

◷30分鐘

06/03

南蠻醋漬柳葉魚

OK 冷藏 2~3天 魚

材料（2人份）

柳葉魚…16尾
洋蔥…½個
胡蘿蔔…¼根
青椒…1個
鹽、胡椒…少許
麵粉…適量
沙拉油…適量
水…200毫升
〈南蠻醋〉
醋…3大匙
味醂…1大匙
砂糖…2大匙
醬油…2大匙
紅辣椒（切圓片）…少許

事前準備

洋蔥、胡蘿蔔、青椒≫切細條。

做法

① 將柳葉魚、鹽、胡椒和麵粉倒入保鮮袋中，均匀搖晃，讓袋中所有食材都均勻沾附。

② 沙拉油倒入平底鍋中，約1公分高，加熱至170℃，放入做法①柳葉魚油炸，撈起瀝乾油分，放入稍微有點深度的方盤中。

③ 將水倒入小鍋中，煮滾後放入南蠻漬的材料再次煮滾。

④ 將洋蔥、胡蘿蔔和青椒放入柳葉魚的方盤中，趁熱倒入做法③，放置10～15分鐘醃漬即成。

＊編註：南蠻醋是指在醋中，加入辣椒、蔥等辛香料的醬汁，在日本料理中使用極爲廣泛。

Point

■ 淋入剛煮好的南蠻醋，以餘熱讓蔬菜食材變熟，才能維持清脆的口感。

■ 南蠻醋醃漬至第二、第三天更入味，更好吃！

06/04

不用炸的醬汁豬排

肉

冷藏 3~4 天

OK

材料（2人份）

豬五花肉（豬排用）…300克
鹽、胡椒…少許
麵粉水
（麵粉…50克
水…3大匙）
麵包粉…30克
沙拉油…1大匙
— A —
水…2大匙
中濃醬汁…3大匙
味醂…1大匙
砂糖…1大匙
醬油…2小匙

事前準備

豬肉≫用刀背敲打，再切成一口大小，撒上鹽、胡椒。

做法

① 麵包粉、沙拉油倒入平鍋中，炒至均勻上色。
② 豬肉先沾裹麵粉水，再均勻沾裹一層做法①的麵包粉。在烤盤上塗抹一層沙拉油（材料量之外），排上豬肉，放入烤小烤箱中烤8~10分鐘。
③ 將材料A倒入耐熱容器中拌勻，以微波爐600W加熱2分鐘。
④ 將做法②放入做法③的醬汁中浸泡，再依個人喜好撒上白芝麻即成。

Point

■ 趁豬排烤得酥熱時放入醬汁中浸泡，醬汁風味更能充分滲入豬排中。

06/05

橄欖油香蒜鹿尾菜

其他

冷藏 2~3 天

OK

材料（2人份）

乾燥鹿尾菜
（羊栖菜）…20克
熟毛豆仁…50克
紅辣椒
（紅圓片）…1根分量
大蒜…1瓣
橄欖油…2大匙
水…1大匙
鹽…¼小匙

事前準備

乾燥鹿尾菜≫放入水中泡軟。
大蒜≫切碎。

做法

① 將橄欖油倒入平底鍋中，加入紅辣椒、大蒜稍微拌炒，炒至散發出香氣。
② 加入鹿尾菜、毛豆仁迅速拌炒，再加入水、鹽，拌炒至水分收乾即成。

Point

■ 鹿尾菜務必要炒到水分完全收乾才行。

06/06

蒟蒻雞肉燥

肉

冷藏 2~3天

OK

材料（2人份）

雞絞肉…250克
蒟蒻…1片（200克）
去菇柄香菇…2片
酒…1大匙
薑泥…½小匙
A
味醂…2大匙
砂糖…1大匙
醬油…2大匙

事前準備

蒟蒻》滾水汆燙去除腥味，切0.5公分小丁。
香菇》切粗碎。

做法

① 將雞絞肉、香菇、酒和薑泥倒入平底鍋中拌炒。
② 炒至絞肉顏色變白，加入蒟蒻拌炒約1分鐘。
③ 最後倒入材料A，煮至水分收乾即成。

Point
■食譜中選用雞胸絞肉製作，你也可以改用雞腿絞肉製作。

06/07

鬆脆醬油風味韭菜

飯

冷藏 5天

材料（容易製作的分量）

綜合堅果…15克
韭菜…½把（50克）
味醂…3大匙
A
醬油…5大匙
芝麻油…1大匙
紅辣椒（切圓片）…少許
大蒜…1瓣
炒熟白芝麻…1大匙

事前準備

綜合堅果》放入平底鍋中乾煎，敲打至細碎。
韭菜》切細碎。
大蒜》切薄片。

做法

① 將味醂倒入耐熱容器中，鬆鬆地包上保鮮膜，以微波爐600W加熱1分鐘，去除酒精成分。
② 將綜合堅果、韭菜、做法①的味醂和材料A倒入保存瓶中，混拌均勻即成。

Point
■將味醂倒入稍微大一點的耐熱容器中加熱，以免加熱過程中溢出來。
■除了和米飯一起享用，也很適合搭配豆腐、餃子和生魚片等食用。

06/08

梅味海苔蒲燒雞柳

OK
冷藏 2~3天
肉

材料（2人份）

雞柳…5條
酒…1大匙
鹽、胡椒…少許
燒海苔…適量
麵粉…適量
醃梅子…2個
A
酒…2大匙
味醂…2大匙
砂糖…2小匙
醬油…2大匙
沙拉油…1大匙

事前準備

雞柳》去掉筋膜，將肉片開，劃入淺淺的刀紋，撒入酒、鹽和胡椒抓拌。
燒海苔》切成符合雞柳的大小。
醃梅子》取出籽，梅肉以菜刀敲碎。
材料A》混拌均勻。

做法

① 在雞柳的其中一面貼上海苔，整面均勻沾裹麵粉。
② 沙拉油倒入平底鍋中熱油，將做法①貼有海苔那面朝下放入鍋中，煎至上色，翻面繼續煎至上色。
③ 畫圈淋入材料A，加熱至濃稠，並且食材表面充分沾附醬汁即成。

Point

■ 做法②中先將海苔確實煎好，讓海苔服貼，避免烹調過程中脫落。
■ 也可以切成小塊，當作便當菜食用。

06/09

蔬菜肉味噌

20分鐘

材料（2人份）

豬絞肉…100克
茄子…1根（100克）
牛蒡…15克
大葉（紫蘇葉）…20片
炒熟白芝麻…2大匙
A
二砂…3大匙
酒…1大匙
味醂…2大匙
醬油…1小匙
調合味噌…3大匙
沙拉油…1大匙

肉
冷藏2~3天
OK

事前準備

茄子》切成骰子狀。
牛蒡》切粗碎，放入冷水中浸泡。
大葉》切1公分小丁。

做法

① 沙拉油倒入平底鍋中熱油，放入絞肉拌炒。
② 待絞肉炒熟，加入茄子、牛蒡繼續拌炒。
③ 等茄子炒軟了，將火力調小，加入材料A。
④ 待所有食材表面都沾附了味噌後，加入大葉、白芝麻翻拌即成。

Point

- 味噌很容易炒焦，必須用小火慢慢地炒。
- 砂糖的分量可依個人喜好增減。

@4kaochan

06/10

超簡單坦都里雞肉

25分鐘

材料（2人份）

雞胸肉…2片（500克）
A
優格…3大匙
蕃茄醬…3大匙
蜂蜜…3大匙
咖哩粉…2大匙
鹽…½小匙
粗粒黑胡椒…少許
蒜泥…1小匙

肉
冷凍2週
OK

事前準備

雞肉》切掉多餘的皮和脂肪，縱切對半後斜切。

做法

① 將雞肉、材料A放入密封保鮮袋中，充分搓揉使其入味。
② 將雞肉平放，以免被壓到，擠出保鮮袋中的空氣後密封，放入冰箱冷凍保存。

保存&食用時

欲食用時，放入冰箱冷藏半解凍，排在鋪好鋁箔紙的烤盤上，放入小烤箱中烘烤10分鐘，取出蓋上鋁箔紙，放回小烤箱中再烘烤10分鐘。

Point

- 除了用小烤箱烹調，也可以改用一般烤箱烘烤，或是用平底鍋煎熟。

30分鐘

06/11

秋葵舞菇肉捲

肉
冷藏 2~3天
OK

材料（2人份）

豬五花薄片…10片（250克）
鹽、胡椒…少許
太白粉…適量
秋葵…5根
舞菇…½包（50克）
A
味醂…2大匙
砂糖…2大匙
醬油…2大匙
蒜泥…½小匙
沙拉油…1大匙

事前準備

豬肉≫撒些許鹽、胡椒。
秋葵≫將些許鹽撒在秋葵上輕輕搓揉，切掉蒂頭、靠近蒂頭的稜角邊緣。
舞菇≫用手剝散。
材料A≫混拌均勻。

做法

1. 取1片豬肉片鋪平，分別放上1根秋葵、五分之一量的舞菇後捲起，均勻撒些許太白粉。以相同的方法捲好全部肉捲。
2. 沙拉油倒入平底鍋中熱油，將做法①的肉捲接縫處朝下放入鍋中煎，待接縫處煎至變硬，一邊轉動，一邊煎至整個肉捲都上色。
3. 加入材料A燉煮至水分收乾，食材表面沾附醬汁即成。

Point
■因爲在肉捲表面撒上了太白粉，可以鎖住肉汁，品嘗到鮮美滋味。

@aya_aya1128

20分鐘

06/12

培根捲漢堡肉

肉
冷藏 2~3天
OK

材料（2人份）

培根…4片
A
豬牛混合絞肉…300克
洋蔥…½個
麵包粉…3大匙
牛奶…2大匙
蛋…1個
鹽…少許
黑胡椒…少許
B
洋蔥泥…½個分量
酒…2大匙
醬油…2大匙
太白粉…½小匙
水…1小匙
沙拉油…1大匙

事前準備

麵包粉≫加入牛奶中浸泡。
洋蔥（A）≫切碎，然後以微波爐600W加熱約1分鐘，放涼。
培根≫縱切對半。

做法

1. 將材料A放入盆中混合攪拌，摔打至產生黏性，分成8等分，整型成圓餅形。
2. 在培根其中一面均勻撒上太白粉（材料量之外），然後以這一面捲住做法①，肉捲接縫處用牙籤固定。
3. 沙拉油倒入平底鍋中熱油，排入做法②，煎至上色後翻面，蓋上鍋蓋，以中小火燜煎約7分鐘。
4. 加入材料B，煮至水分收乾，食材表面沾附醬汁即成。

06/13

圓滾滾糖醋豬肉球

OK 冷藏2~3天 肉

20分鐘

材料（2人份）

薄切豬肉片…300克
洋蔥…½個（200克）
紅甜椒…1個（150克）
鹽、胡椒…少許
酒…2大匙
太白粉…適量
沙拉油…適量

A
砂糖…2大匙
蕃茄醬…2大匙
醋…3大匙
醬油…1大匙
薑泥…1小匙

事前準備

洋蔥≫切1公分厚的月牙形。
紅甜椒≫切滾刀塊。
材料A≫混拌均勻。

做法

① 將豬肉放入盆中，撒些鹽、胡椒和酒拌勻，然後捏成一口大小的球狀，放入太白粉盤中，滾動肉球使均勻沾裹太白粉。

② 將稍微多的沙拉油倒入平底鍋中，加熱至170℃，放入做法①煎炸一下，先取出。

③ 用廚房紙巾擦掉平底鍋中多餘的油分，放入洋蔥、紅甜椒迅速拌炒。

④ 待全部食材都沾附了油，把做法②倒回，加入材料A翻拌，讓食材都均沾附醬汁即成。

Point

- 手捏肉球時，要迅速用力捏成球狀，以免豬肉片散開。
- 蔬菜放入稍多油中迅速煎炸一下，可以維持爽脆的口感。
- 豬肉先以調味料充分醃過，即使冷藏後風味也不會變，是便當菜的最佳選擇。

06/14

烤馬鈴薯球

材料（2人份）

馬鈴薯…3個（300克）
玉米罐頭…80克
香腸…3根
日式美乃滋…2大匙
起司粉…2大匙
鹽、胡椒…少許

事前準備

馬鈴薯》切成一口大小。
玉米》瀝乾水分。
香腸》切4等分。

蔬菜｜冷藏 2~3 天｜OK

做法

① 將馬鈴薯放入耐熱容器中，鬆鬆地包上保鮮膜，以微波爐600W加熱6~7分鐘，取出趁熱將馬鈴薯弄碎。
② 將玉米、美乃滋、起司粉、鹽和胡椒加入馬鈴薯中混拌均勻，分成12等分，每一份中間包入香腸，整型成球狀。
③ 烤盤上鋪好鋁箔紙，排上做法②，放入小烤箱中烘烤約10分鐘至熟即成。

Point

- 喜歡酥脆口感的話，也可以在平底鍋中加入少量油，將馬鈴薯球煎炸至熟再享用。
- 因為每台小烤箱的功能和特性略有不同，烘烤時，必須隨時注意烤的狀況。
- 也可以加入咖哩粉或青海苔粉，變化不同風味。

06/15

胡蘿蔔片炒明太子

材料（2人份）

胡蘿蔔…1根
明太子…1條（30克）
鹽、胡椒…少許
味醂…1小匙
醬油…½小匙
芝麻油…2小匙

事前準備

胡蘿蔔》用削皮刀削成薄片。
明太子》割開外膜，將明太子（魚卵）刮出，弄散。

蔬菜｜冷藏 2~3 天｜OK

做法

① 芝麻油倒入平底鍋中熱油，加入胡蘿蔔、鹽和胡椒拌炒。
② 待胡蘿蔔變軟了，加入味醂、明太子拌炒。
③ 加入醬油迅速拌炒一下即成。

Point

- 這道料理中也可以將胡蘿蔔切成細絲，更能品嘗到獨特的口感。

06/16

大葉蘿蔔絲乾

材料（2人份）

蘿蔔絲乾（乾燥）…30克
炸豆皮…1片
大葉（紫蘇葉）…5片
醃梅子…1個（15~20克）
砂糖…1小匙
柚子醋醬油…3大匙

蔬菜
冷藏 2~3 天
OK

事前準備

蘿蔔絲乾≫先搓揉洗淨，倒入可以蓋過蘿蔔絲乾的水量，浸泡約20分鐘使其膨脹，擰乾水分後切成易食用的長度。

炸豆皮≫畫圈淋入滾水，放涼後吸乾水分，切0.5公分寬。

醃梅子≫取出籽，梅肉以菜刀敲碎。

做法

① 將蘿蔔絲乾放入盆中，加入炸豆皮、大葉混拌均勻。

② 加入砂糖、梅子肉和柚子醋醬油拌勻即成。

Point

■ 蘿蔔絲乾要確實擰乾水分，調味料才能滲入，更入味。

■ 可依個人喜好加入茗荷（蘘荷、野薑），口味更清爽。

06/17

醬汁浸泡香煎大蔥

材料（2人份）

大蔥…3根
芝麻油…1大匙

A
酒…2大匙
味醂…2大匙
砂糖…1大匙
醬油…2大匙
水…100毫升
鰹魚風味調味料…½小匙
紅辣椒…1根

蔬菜
冷藏 3~4 天
OK

事前準備

大蔥≫切5公分長。

做法

① 芝麻油倒入平底鍋中熱油，排入大蔥，以中大火將大蔥煎至上色，先取出備用。

② 用廚房紙巾將平底鍋鍋面擦乾淨，倒入材料**A**煮滾。

③ 將做法①放入保存容器中，淋入做法②即成。

Point

■ 大蔥的表面煎得越焦香，以醬汁浸泡過後就越可口！

06/18

Q彈辣醬雞

肉
冷藏 2~3天
OK

材料（2人份）

雞胸肉…1片（300克）

A
- 鹽、胡椒…少許
- 太白粉…1大匙
- 酒…1大匙

沙拉油…1大匙
大蔥…1根
薑泥…1小匙
蒜泥…1小匙
豆瓣醬…1小匙

B
- 砂糖…1大匙
- 雞高湯粉…1小匙
- 酒…1大匙
- 蕃茄醬…4大匙
- 水…100毫升
- 太白粉水…1大匙（水…1大匙 太白粉…2小匙）

事前準備

雞肉》切掉多餘的皮和脂肪，斜切成一口大小，倒入材料A抓拌搓揉。
大蔥》切碎。

做法

① 沙拉油倒入平底鍋中熱油，放入雞肉，煎至兩面都微焦且上色，先取出備用。
② 將大蔥、薑、大蒜和豆瓣醬倒入平底鍋中拌炒，待食材變軟了，加入材料B煮滾，再把做法①放回。
③ 將火關小，倒入太白粉水勾欠即成。

06/19

梅子柴魚風味糯米椒豬肉捲

肉
冷藏 2~3天
OK

材料（2人份）

豬梅花薄肉片…4片
鹽、胡椒…少許
糯米椒…8根（80克）
酒…1大匙
芝麻油…1大匙

A
- 柴魚片…3包（10克）
- 醃梅子…3個
- 味醂…1½小匙
- 醬油…½小匙

事前準備

豬肉》長切對半，撒上鹽、胡椒。
醃梅子》取出籽，梅肉以菜刀敲碎。
糯米椒》切掉蒂頭，在表面劃上直向刀紋（不要切斷）。
材料A》混拌均勻。

做法

① 取適量材料A鑲入每一根糯米椒中。
② 取1片豬肉鋪平，放上做法①後捲起。以相同的方法完成全部肉捲。
③ 芝麻油倒入平底鍋中熱油，將做法②的肉捲接縫處朝下排入鍋中，煎至整個肉捲都上色，然後畫圈淋入酒，蓋上鍋蓋，燜煎2～3分鐘即成。

Point

■ 如果準備的糯米椒太小的話，可以用牙籤或是竹串將材料A鑲入。
■ 因爲已經充分調味，即使冷藏再食用也美味不減，是便當菜的好選擇。

06/20

和風蕈菇義大利麵

麵
冷凍 2週
OK

材料（2人份）

義大利麵…100克
鴻喜菇…30克
香菇…1朵
培根（對切成半條）…20克
白高湯…2大匙
水…200毫升
鹽…少許
粗粒黑胡椒…少許
芝麻油…½大匙

事前準備

鴻喜菇》切掉根部，剝散。
香菇》切掉菇柄，蕈傘切薄片。
培根》切1公分寬。

做法

① 芝麻油倒入平底鍋中熱油，放入鴻喜菇、香菇和培根拌炒。
② 待食材變軟了，放入對半折斷的義大利麵、白高湯和水，讓麵條能完全浸在高湯水中。
③ 蓋上鍋蓋，按照義大利麵包裝袋上的時間煮好麵。打開鍋蓋，炒至水分收乾，加入鹽、黑胡椒調味。
④ 將做法③裝入料理小杯，再放入保存容器中，放涼後蓋上蓋子，移入冰箱冷凍保存。

保存&食用時
欲裝入便當盒的半天前，拿到冰箱冷藏半解凍，以微波爐600W加熱30秒～1分鐘。放涼後，再裝入便當盒中即可。

06/21

泡菜炒山苦瓜豬梅花肉

肉
冷藏 2~3天
OK

材料（6個）

豬梅花薄肉片…150克
鹽、胡椒…少許
山苦瓜…1條（250克）
韭菜…½把
白菜泡菜…100克
芝麻油…1大匙

事前準備

豬肉》切3公分寬，撒上鹽、胡椒。
洋蔥》切0.7公分厚的薄片，撒上少許鹽（材料量之外），放置約10分鐘，再以清水洗淨，用濾網瀝乾。
韭菜》切掉根部，再切3公分長。
泡菜》輕輕擠乾汁液，切成易入口的大小。

做法

① 芝麻油倒入平底鍋中熱油，放入豬肉拌炒，待豬肉顏色變白，加入山苦瓜，拌炒至顏色鮮豔。
② 加入韭菜、泡菜迅速拌炒均勻即成。

Point
■ 如果想要去除山苦瓜的苦味，可以迅速放入鹽水中汆燙一下再烹調。
■ 除了豬梅花薄肉片，也可以改用竹輪或油豆腐烹調。

06/22

辣呼呼炒豬梅花肉櫛瓜

15分鐘

OK 冷藏2~3天 肉

材料（2人份）

豬梅花薄肉片…150克
鹽、胡椒…少許
櫛瓜…2條
洋蔥…½個
薑泥…1小匙
蒜泥…½小匙
芝麻油…1大匙

A
酒…1大匙
砂糖…1小匙
醬油…1大匙
韓國辣椒醬…1大匙

事前準備

豬肉≫切4公分寬，撒上鹽、胡椒。
櫛瓜≫切1公分厚的半月形。
洋蔥≫切1公分厚的四分之一圓片。

做法

① 芝麻油倒入平底鍋中熱油，放入薑、大蒜，以小火拌炒。待炒出香氣後加入豬肉、洋蔥，以中火拌炒。
② 炒至肉的顏色變白，加入櫛瓜拌炒約3分鐘。
③ 最後加入材料A，炒至水分收乾即成。

Point

■ 可依自己的喜好，自由調整韓國辣椒醬的分量。

06/23

蔥多多涮豬肉

肉

冷藏 2~3天

15分鐘

材料（2人份）

豬腿肉薄片…250克
太白粉…適量
鹽…½小匙
酒…2大匙
大蔥…1根

A
- 薑泥…1小匙
- 砂糖…2大匙
- 醋…1大匙
- 醬油…3大匙
- 芝麻油…1大匙
- 炒熟白芝麻…1大匙

事前準備

大蔥》切碎，以微波爐600W加熱30秒。

做法

① 大蔥放入盆中，加入材料A混拌均勻。
② 鍋中倒入大量水煮滾，加入鹽、酒拌勻，關火。
③ 豬肉均勻沾裹太白粉，輕拍掉多餘的太白粉。將肉片攤平，一片片分別放入做法②中，用筷子攪動，汆燙至肉的顏色變白，以濾網撈起，瀝乾水分。
④ 將做法③放入做法①中，混拌一下即可享用。

Point

■ 豬肉薄薄地沾裹一層太白粉，可提升豬肉的口感。此外，滾水中加入鹽、酒，再放入豬肉汆燙，可以去除肉的腥味，口味更佳。

■ 汆燙豬肉時，可以一次放入5~6片。如果水溫下降，要重新加熱，火關掉後再繼續放入汆燙。

06/24

照燒綠花椰肉球

肉

冷凍 2週

OK

35分鐘

材料（2人份）

綠花椰菜…¼朵
豬牛混合絞肉…150克

A
- 洋蔥…⅛個
- 麵包粉…2大匙
- 牛奶…1大匙
- 蛋液…½個分量
- 鹽、胡椒…少許

沙拉油…適量

B
- 酒…2大匙
- 味醂…1大匙
- 砂糖…½大匙
- 醬油…2大匙

事前準備

綠花椰菜》分成一小朵一小朵，比較硬的地方先汆燙過。
洋蔥》切碎。
麵包粉》泡入牛奶中。

做法

① 將材料A放入盆中充分混拌均勻，加入絞肉混合攪拌，直到產生黏性的肉餡。
② 將做法①分成6等分，每一份肉餡攤平，包入綠花椰菜，再整型成圓球狀。以相同的方式完成所有肉球。
③ 將沙拉油倒入平底鍋中，油的高度約0.5公分高，加熱至170℃，放入做法②煎炸5~7分鐘。
④ 將材料B放入另一個平底鍋中煮滾，把做法③放入，使肉丸均勻沾裹醬汁即成。

保存&食用時

放涼後，分別放入料理小杯，再移入保存容器中，蓋上蓋子，放入冰箱冷凍保存。欲裝入便當盒的半天前，拿到冰箱冷藏半解凍，以微波爐600W加熱30秒~1分鐘。放涼後，再裝入便當盒中即可。

06/25

醃漬生薑小黃瓜

15分鐘

蔬菜

冷藏2～3天

OK

材料（容易製作的分量）

小黃瓜…3根（300克）
鹽…1小匙
薑…1片
鹽昆布…2大匙
A
酒…1大匙
砂糖…45克
醬油…75毫升
醋…2大匙

事前準備

小黃瓜 » 切0.7～0.8公分厚的圓片，撒入鹽揉搓，放置15～20分鐘使其出水，擰乾水分。
薑 » 切絲。

做法

① 將材料A放入鍋中加熱，煮滾後加入小黃瓜、薑和鹽昆布加熱。
② 再次煮滾後離火，直接放置約1小時至冷卻。

Point
■ 小黃瓜迅速汆燙即可，才能維持清脆的口感。
■ 嗜辣的人可以將紅辣椒切圓片後加入，就成了一道辣味爽口的小菜。

06/26

芥末籽醬油風味煎旗魚

15分鐘

魚

冷藏2～3天

OK

材料（2人份）

旗魚…2片
鹽、胡椒…少許
A
酒…1大匙
醬油…1大匙
法式芥末籽醬…1大匙
沙拉油…½大匙

事前準備

旗魚 » 撒上鹽、胡椒。
材料A » 混拌均勻。

做法

① 沙拉油倒入平底鍋中熱油，放入旗魚，煎至兩面微焦且呈金黃。
② 加入材料A，煮至水分收乾，旗魚表面沾附醬汁即成。

Point
■ 若用大火過度加熱旗魚的話，肉質會變得柴柴的，建議用中火，每一面煎2～3分鐘即可。

06/27

20分鐘

炒辣味菇菇蒟蒻絲

蕈菇
冷藏 2~3天
OK

材料（2人份）

香菇…4朵
金針菇…½包
鴻喜菇…½包
蒟蒻絲…1包（200克）
紅辣椒（切圓片）…½小匙
—A—
酒…2大匙
味醂…1大匙
砂糖…½大匙
醬油…2大匙
——
芝麻油…1大匙

事前準備

香菇》切掉菇柄，蕈傘切0.5公分厚的薄片。
金針菇》切掉根部，長度切成2等分，剝散。
鴻喜菇》切掉根部，剝散。
蒟蒻絲》切成易入口的長度。

做法

① 將蒟蒻絲放入耐熱容器中，倒入可以蓋過蒟蒻絲的水量，以微波爐600W加熱2分30秒，以濾網瀝乾水分。

② 芝麻油倒入平底鍋中熱油，放入紅辣椒、蒟蒻絲拌炒，續入香菇、金針菇和鴻喜菇拌炒，待食材全都沾附了油，加入材料A，以大火拌炒至水分收乾即成。

Point
■ 蒟蒻絲先以微波加熱，可以去掉腥味。
■ 可依個人喜好，調整紅辣椒的分量。

06/28

15分鐘

生薑燒飯配料

飯
冷藏 2~3週
OK

材料（2人份）

豬絞肉…200克
薑泥…½小匙
酒…1大匙
洋蔥…½個
薑碎…2片分量
—A—
味醂…1大匙
醬油1½大匙
砂糖…2小匙
——
沙拉油…1大匙

事前準備

絞肉》和薑泥、酒混拌均勻，放置5分鐘。
洋蔥》切碎。

做法

① 沙拉油倒入平底鍋中熱油，放入薑碎、洋蔥，以中小火炒至洋蔥變成透明。

② 加入絞肉迅速拌炒，待表面煮熟後加入材料A，拌炒至水分收乾即成。

Point
■ 醃絞肉時，要輕輕地拌勻，以免絞肉產生黏性。

06/29

黑胡椒炒綠蘆筍豬肉

15分鐘

材料（2人份）

綠蘆筍…5根（150克）
豬五花薄肉片…300克
A
— 酒…1小匙
— 鹽、胡椒…少許
— 太白粉…1½大匙
鴻喜菇…100克
酒…2大匙
雞高湯粉…1½小匙
粗粒黑胡椒…½小匙
芝麻油…1大匙

肉
冷藏 2~3 天
OK

事前準備

綠蘆筍》切掉尾端根部較硬的部分，用削皮刀削掉下方約5公分長的外皮，最後斜切成3公分長。
豬肉》切成易入口大小，倒入材料A抓拌。
鴻喜菇》切掉根部，剝散。

做法

① 芝麻油倒入平底鍋中熱油，放入豬肉炒，待豬肉的顏色變白，加入綠蘆筍迅速拌炒，再加入鴻喜菇炒至變軟。
② 加入酒、雞高湯粉和黑胡椒，盡快翻拌混合即成。

Point
■ 豬肉先以酒搓揉過，肉的口感愈發柔軟、濕潤。
■ 可依個人喜好加入蒜泥或薑泥，風味更具層次。

06/30

醃梅子茸菇醬

10分鐘

材料（容易製作的分量）

金針菇…1包（200克）
醃梅子…1個
白高湯（10倍濃縮）…1大匙
味醂…1大匙
炒熟白芝麻…適量

蕈菇
冷藏 2~3 天

事前準備

金針菇》切掉根部，長度切成3等分。
醃梅子》取出籽，梅肉以菜刀敲細碎。

做法

① 將金針菇、醃梅子、白高湯和味醂倒入耐熱容器中，迅速拌勻，包上保鮮膜，以微波爐600W加熱5分鐘。
② 依自己的喜好，撒上熟白芝麻即成。

Point
■ 除了和米飯一起食用，也可以搭配納豆或冷豆腐，或是和小黃瓜迅速混拌，變化成其他料理。
■ 白高湯的分量，依醃梅子的鹹度略微調整。

Column
小專欄 6

主食也可以長期保存！

方便保存主食的小訣竅

事先將米飯、麵等主食冷凍保存，也能做出可口的常備菜。
下面分別介紹讓主食更美味的冷凍保存法。

米飯 保存期限：2~3 週

保存方法

最建議的方法是米飯煮好後，立刻用保鮮膜分裝，放涼後再以冷凍保存。每一小包以大約 150 克爲標準，用飯匙壓平後包好，以免殘存空氣。爲了防止米飯軟爛，建議不要觸碰爲佳。

解凍方法

以微波爐加熱。加熱的標準是 150 克米飯，以微波爐 600W 加熱 1 分 30 秒～ 2 分鐘。

麵包 保存期限：2~3 週

保存方法

吐司切成一片一片，法國麵包等也要切好，用保鮮膜包好，放入冰箱冷凍。

解凍方法

先以微波加熱 10 ～ 20 秒，再放入小烤箱烘烤。操作時要特別留意，如果直接以冷凍狀態烘烤，可能會烤焦（小烤箱依機種也有可能會烤焦）。法國麵包也以相同的方法操作。

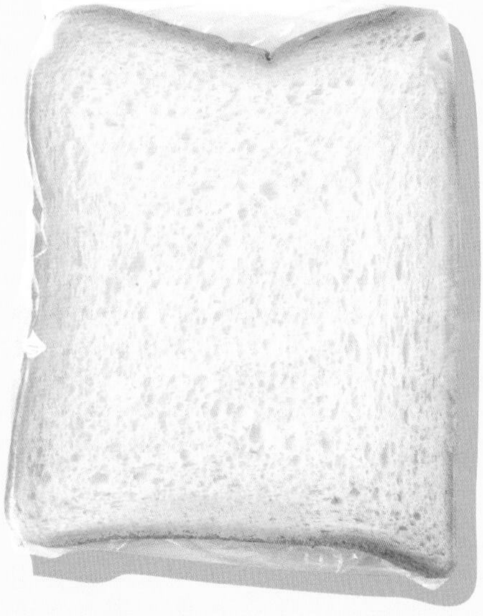

麵類 保存期限：2~3 週

義大利麵

保存方法

煮好的義大利麵也可以冷凍保存。煮麵條時，要比包裝袋上寫明的烹煮時間少 1 分鐘，煮得稍微硬一點。麵條煮好後要加入橄欖油拌一下，以防黏在一起，再用保鮮膜包成一次食用的分量，放涼後再以冷凍保存。

解凍方法

以微波爐加熱。加熱的標準是 100 克義大利麵，以微波爐 600W 加熱 1 分 30 秒～2 分鐘。先將麵條冷凍起來，欲食用時，再淋上市售醬汁卽可。

素麵

保存方法

一不小心煮太多時，也可以放入冰箱冷凍保存喔！以每次食用的分量爲準，用保鮮膜分別包成一份一份，以冷凍存放。

解凍方法

以微波爐加熱。加熱的標準是 1 把 (50 克) 素麵，以微波爐 600W 加熱 1 分～1 分 30 秒。欲食用時，建議烹調成大燴炒，或是放入溫熱的湯中做成湯麵。

把主食冷凍起來，製作常備菜也能更輕鬆。
當你不小心把米飯煮太多而想冷凍起來，
或麵包一時吃不完時，務必試試這些方法！

7月
8月
9月

常備菜

15分鐘

07/01

佃煮嫩薑

材料（容易製作的分量）

剛採收的嫩薑…150克

A
- 酒…1大匙
- 味醂…2大匙
- 砂糖…2大匙
- 醬油…2大匙

柴魚片…1包（3克）
炒熟白芝麻…1大匙

飯
冷藏 3~4 天
OK

事前準備

嫩薑≫確實清洗表面，連皮一起切絲。

做法

① 煮一鍋滾水，加入薑煮約2分鐘，以濾網撈起，瀝乾水分。
② 將材料A倒入鍋中加熱，煮至咕嘟咕嘟沸騰後放入做法①，煮至水分收乾，大約需煮10分鐘。
③ 加入柴魚片、白芝麻混拌均勻即成。

Point
■將嫩薑先以滾水煮過，可以降低辛辣度。
■如果想更降低薑的辛辣味，可以稍微煮久一點，再放入水中稍微浸泡。
■這道料理可以鋪在米飯上面，也可以加在煎蛋捲裡一起享用。

＊編註：佃煮是在食材中加入醬油、糖和水，以小火慢慢燉煮至濃稠、水分收乾的料理方式。常見的佃煮料理包括小魚乾、貝類、昆布、鹿尾菜、菇

20分鐘

07/02

豆腐紫蘇漢堡排

材料（11個）

嫩豆腐…200克
雞絞肉…300克
蔥花…10克
鹽、胡椒…適量
大葉（紫蘇葉）…11片

A
- 酒…2大匙
- 砂糖…2大匙
- 醬油…2大匙

太白粉水…1小匙（太白粉…½小匙 水…1小匙）
沙拉油…2小匙

肉
冷藏 2~3 天
OK

事前準備

嫩豆腐≫用廚房紙巾包住，以微波爐600W加熱1分鐘，再以紙巾吸乾水分。

做法

① 將豆腐、絞肉、蔥花、鹽和胡椒放入盆中，充分拌合。
② 分成11等分，分別整型成厚圓餅，用大葉包捲起。
③ 沙拉油倒入平底鍋中熱油，放入做法②煎，兩面都要煎。
④ 煎至上色後蓋上鍋蓋，以中火燜煎約3分鐘。
⑤ 做法④先取出備用。用廚房紙巾迅速擦掉鍋面多餘的油分，加入材料A煮滾。
⑥ 將火關小，倒入太白粉水芶欠，再放回漢堡排，煮至水分收乾，食材表面沾附醬汁即成。

Point
■豆腐要確實吸乾水分再製作。

07/03

櫛瓜培根捲

材料（2人份）

櫛瓜…1條（200克）
培根（對切成半條）…8片
日式美乃滋…3大匙
咖哩粉…1小匙
鹽、胡椒…少許

肉
冷藏 2~3 天
OK

事前準備

櫛瓜 » 縱切對半，切掉兩端，再切成4公分長。

做法

① 取1片培根鋪平，在靠近自己這端放上櫛瓜後往前捲起，以相同的方法完成8個培根櫛瓜捲，再撒上鹽、胡椒。

② 將咖哩粉、美乃滋拌勻，塗抹在培根櫛瓜捲的表面。

③ 將做法②排在鋪好鋁箔紙的烤盤上，放入小烤箱中烘烤8~10分鐘即成。

Point

■ 美乃滋很容易烤焦，建議一邊烘烤，一邊視情況蓋上鋁箔紙再烤。

■ 也可以依個人口味，改成茄子、杏鮑菇等製作培根蔬菜捲。

07/04

拿坡里風味炒竹輪香腸捲

材料（2人份）

竹輪…4根
香腸…8根
蕃茄醬…1大匙
烏斯特黑醋…½小匙
橄欖油…1大匙

肉
冷藏 2~3 天
OK

做法

① 將香腸塞入竹輪的孔中，再切成易食用的大小。

② 橄欖油倒入平底鍋中熱油，放入做法①煎至微焦黃且熟了，倒入蕃茄醬、烏斯特黑醋，翻動竹輪捲使能均勻沾附醬汁即成。

Point

■ 如果選用較粗大的竹輪，會比較容易塞入香腸。此外，若一開始就將竹輪長度切一半，更能順利塞入香腸。

07/05

濃郁馬鈴薯沙拉

20分鐘

冷藏 2~3 天

蔬菜

材料（2人份）

馬鈴薯…3個（450克）
洋蔥…½個
胡蘿蔔…½根（80克）
小黃瓜…1根
熟毛豆仁…適量
培根…2片
火腿…4片
蛋…2個

A
牛奶…2大匙
日式美乃滋…1大匙
壽司醋…2小匙
麵味露（3倍濃縮）…1小匙
含鹽奶油…10克

B
日式美乃滋…1大匙
牛奶…1大匙
鹽、胡椒…少許

橄欖油…1大匙

事前準備

馬鈴薯》切成一口大小，放入水中浸泡。
洋蔥》切薄片。
胡蘿蔔》切圓薄片，放入耐熱容器中，包上保鮮膜，以微波爐600W加熱1分鐘。
小黃瓜》切小圓片。
培根、**火腿**》切細條。
蛋》水煮至半熟，再切成易入口的大小。

做法

① 橄欖油倒入平底鍋中熱油，放入洋蔥炒至變軟，先取出備用。
② 用廚房紙巾將鍋面擦乾淨，放入培根煎至香酥脆。
③ 將馬鈴薯放入湯鍋，倒入可以蓋過馬鈴薯的水量，加入鹽和一撮糖（材料量之外）加熱，水煮滾後再繼續加熱10分鐘至軟透。湯鍋中的水瀝掉，馬鈴薯留於湯鍋中，手持湯鍋一直前後搖晃馬鈴薯，使水氣散掉，馬鈴薯表面呈現粉狀。
④ 將材料A、做法③放入盆中混拌，移入冰箱冷藏。
⑤ 取出冷藏好的做法④，加入做法①、胡蘿蔔、小黃瓜、毛豆仁、火腿和材料B混拌，然後擺上蛋和做法②，再依個人口味撒入黑胡椒即成。

07/06

泡菜茸菇醬

20分鐘

飯　冷藏 2~3 天

材料（容易製作的分量）

金針菇…2包（400克）
白菜泡菜…120克
A
- 酒…3大匙
- 味醂…3大匙
- 醬油…3大匙

醋…1小匙
豆瓣醬…½小匙

事前準備

金針菇≫切掉根部，長度切成3等分，剝散。
泡菜≫切粗碎。

做法

① 將金針菇、材料A放入平底鍋中煮滾。
② 加入泡菜，一邊混拌，一邊煮約5分鐘至快要收汁，然後加入醋、豆瓣醬再次煮滾即成。

Point
■ 可口的辛辣味搭配米飯再適合不過。豆瓣醬的分量，則依個人喜愛的辣味程度調整。
■ 如果喜愛咀嚼的口感，不妨把食材都切得大一點。

07/07

南蠻漬鮭魚大蔥

20分鐘

魚　冷藏 2~3 天　OK

材料（2人份）

鮮嫩鮭魚…3片
鹽、胡椒…少許
太白粉…適量
大蔥…2根
日本產檸檬…⅓個
沙拉油…3大匙
A
- 砂糖…2大匙
- 醋…3大匙
- 醬油…1大匙
- 和風鰹魚風味調味料…⅓小匙
- 水…100毫升
- 紅辣椒（切圓片）…1根分量

事前準備

鮭魚≫切成4等分，兩面都撒上些許鹽、胡椒，再撒些太白粉均勻抹平。
大蔥≫切成4公分長。
檸檬≫拿多一點鹽（材料量之外）摩擦檸檬的表皮，以流動的水洗掉鹽，再切成0.5公分厚的圓片。

做法

① 將材料A、檸檬放入鍋中加熱，煮滾後離火。
② 沙拉油倒入平底鍋中熱油，放入鮭魚、大蔥，煎至兩面都充分上色且熟了。
③ 將做法①、②倒入保存瓶中即成。

Point
■ 檸檬建議使用日本產的檸檬，較無農藥、防腐劑等。

07/08

橄欖油香蒜蕈菇

蕈菇
冷藏 2~3 天
OK

材料（2人份）

杏鮑菇…100克
鴻喜菇…100克
金針菇…200克
大蒜…1瓣
紅辣椒…1根
A
酒…1大匙
醬油…1小匙
鹽、胡椒…少許
橄欖油…1大匙

事前準備

杏鮑菇≫縱切對半，再切薄片。
鴻喜菇≫切掉根部，剝散。
金針菇≫切掉根部，長度對半切（2等分）。
大蒜≫切薄片。

做法

① 將橄欖油、大蒜，以及捏成小段的紅辣椒放入平底鍋中，以小火炒至散發出香氣。
② 加入杏鮑菇、鴻喜菇和金針菇拌炒。
③ 炒至蕈菇都軟了，最後加入材料A輕輕拌炒即成。

Point
■ 做法①炒辛香料時，要注意別把大蒜炒焦了。
■ 如果辣椒不捏成小段，而是直接加入的話，便能降低辣味。

@sweet_honey_moon_

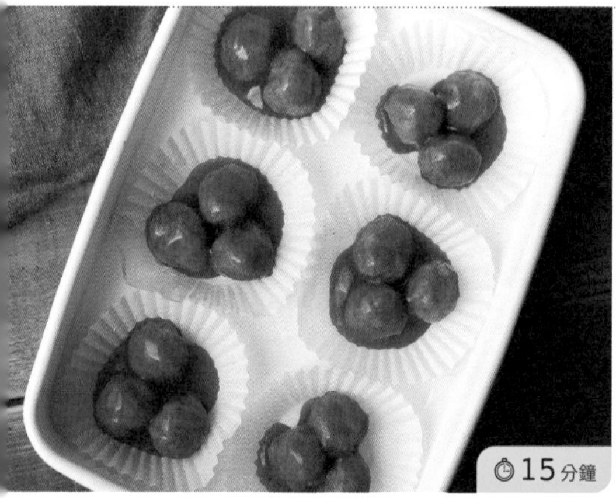

07/09

簡單好做微波肉丸

肉
冷凍 2 週
OK

材料（2人份）

豬絞肉…200克
麵包粉…2大匙
牛奶…2大匙
鹽、胡椒…少許
A
烏斯特黑醋…1大匙
蕃茄醬…2大匙
砂糖…2小匙
水…1大匙
太白粉…1大匙
水…70毫升

事前準備

麵包粉≫加入牛奶中浸泡。
材料A≫混拌均勻。

做法

① 將絞肉、麵包粉、鹽和胡椒放入盆中混合攪拌，攪拌至產生黏性，分成18等分，整型成丸子（圓球）形。
② 將材料A、做法①排入耐熱容器中，鬆鬆地包上保鮮膜，以微波爐600W加熱2分鐘。
③ 先取出肉丸，翻面後再包上保鮮膜，微波再加熱2分鐘。
④ 將肉丸都均勻沾附材料A，放涼，然後以3個爲一組，放入料理小杯，最後再移入保存容器中，放入冰箱冷凍保存。

食用時
欲裝入便當盒的半天前，拿到冰箱冷藏解凍，以微波爐600W加熱30秒～1分鐘，擦乾水分，放涼後再裝入便當盒中即可。

07/10

西式醃漬雞蛋

20分鐘

材料（容易製作的分量）

蛋…4個
水煮鵪鶉蛋…8個
A
砂糖…3大匙
鹽…½小匙
醋…150毫升
水…100毫升
月桂葉…1片
紅辣椒…1根

其他
冷藏 2~3天
OK

事前準備

蛋》從冰箱冷藏取出，回溫成室溫。

做法

① 鍋中倒入大量水煮滾，將蛋輕輕地放入滾水中，一邊攪動，一邊煮約12分鐘。
② 撈出蛋，放入冷水中5分鐘，剝掉蛋殼。將蛋、鵪鶉蛋一起放入保存瓶中。
③ 將材料A倒入鍋中加熱，煮滾後離火，放涼。
④ 將做法③倒入做法②中，蓋上瓶蓋，放入冰箱冷藏一晚即可享用。

Point
■ 雖然直接食用就很美味，但若能加入馬鈴薯沙拉或三明治中一定更好吃。此外，也可以同時放蔬菜一起醃漬喔！

07/11

韓風拌菠菜胡蘿蔔

10分鐘

材料（2人份）

菠菜…1把
胡蘿蔔…40克
韓國海苔…5克
A
醬油…2小匙
芝麻油…2小匙
炒熟白芝麻…1大匙

蔬菜
冷藏 3~4天
OK

事前準備

菠菜》包上保鮮膜，以微波爐600W加熱約2分鐘，撕開保鮮膜，放入水中泡，撈出瀝乾水分，切4公分長。
胡蘿蔔》切絲後放入耐熱容器中，鬆鬆地包上保鮮膜，以微波爐600W加熱約1分鐘。

做法

① 將菠菜、胡蘿蔔和材料A一起放入盆中。
② 加入手撕的韓國海苔，充分混拌即成。

Point
■ 菠菜加熱後要立刻放入冷水中浸泡，才能維持好口感。
■ 如果買不到韓國海苔，以一般海苔取代也無妨。

07/12

拌青椒洋蔥大葉碎

蔬菜　冷藏 2~3天　OK

材料（容易製作的分量）

青椒…5個
紅甜椒…½個
洋蔥…1個
大葉（紫蘇葉）…10片
鹽…½小匙

A
柚子醋醬油…3大匙
起司粉…2大匙
鹽、胡椒…少許
橄欖油…3大匙

事前準備

青椒、甜椒、洋蔥、大葉 » 切碎。

做法

① 取2張廚房紙巾疊好，放上洋蔥、鹽用手揉搓，然後連紙巾包著用水洗一下，再扭擠乾水分。

② 將做法①的洋蔥放入盆中，加入青椒、甜椒、大葉和材料A充分拌勻即成。

Point

■ 如果加入多一點起司粉，風味更濃郁；加入少量的話，則風味較清爽。

■ 如果把蔬菜切得極碎，就如同淋上醬汁般；而切粗碎的話，能保留清脆的口感。讀者可依自己的喜好決定切的粗細。

07/13

雜炊飯料

飯　冷凍 2週　OK

材料（容易製作的分量）

雞腿肉…2片（500克）
胡蘿蔔…1根
香菇…6朵
油豆皮…3片
熟毛豆仁…150克

A
酒…100毫升
味醂…160毫升
醬油…160毫升

米…3合（約450克）
水…適量

事前準備

雞肉 » 切掉多餘的皮和脂肪，切1公分小丁。

胡蘿蔔 » 切1公分小丁。

香菇 » 切掉菇柄，蕈傘切1公分小丁。

油豆皮 » 切1公分小丁。

做法

① 將雞肉、胡蘿蔔、香菇、油豆腐和毛豆仁放入密封保鮮袋中，加入材料A揉一下，使其入味。

② 將保鮮袋平放，擠出袋中的空氣後密封，整袋攤平，然後對折，放入冰箱冷凍保存。

食用時

將米和一半量的冷凍做法②放入電子鍋中，倒入電子鍋內壁3合刻度（視自己家中的機器調整）的水量，按炊飯鍵（煮飯鍵）。煮好後，用飯匙從下往上翻拌，使米飯和飯料混拌均勻。

07/14

蔥多多蒸雞肉

OK 冷藏 2~3天 肉

材料（2人份）

雞胸肉…1片
酒…1大匙
砂糖…2小匙
太白粉…2小匙
大蔥…½根
A
砂糖…2大匙
醬油…4大匙
醋…2大匙
薑泥…1小匙
芝麻油…1大匙

事前準備

雞肉》用叉子在肉表面戳些小洞，加入酒、砂糖和太白粉揉搓。
大蔥》切碎。

做法

① 將雞肉放入耐熱容器中，鬆鬆地包上保鮮膜，以微波爐600W加熱4分鐘，掀開保鮮膜，放置約5分鐘，利用餘熱讓食材熟。
② 將材料A、大蔥放入另一個耐熱容器中，混拌均勻，包上保鮮膜，以微波爐600W加熱1分鐘。
③ 待雞肉冷卻後用手撕成雞肉絲，把做法②加入雞肉絲中混拌即成。

Point

■ 雞胸肉先以酒、砂糖和太白粉揉搓使其入味，加熱後仍能保持濕潤的口感。

07/15

即食蕃茄泡菜

材料（2人份）

小蕃茄…1包

A
- 辣椒粉…2大匙
- 蜂蜜…1大匙
- 蒜泥…1小匙
- 魚露…1大匙
- 水…適量

做法

①用刀在小蕃茄上劃刀紋。

②在鍋中倒入大量水煮滾，放入小蕃茄汆燙約30秒，撈出放入冷水中浸泡一下，剝掉外皮，瀝乾水分。

③將做法②放入盆中，加入材料A混拌均勻即成。

蔬菜　冷藏 2~3天

Point

■只要用菜刀根部在蕃茄上劃刀紋，等一下就能輕鬆剝掉蕃茄皮了。

07/16

清爽醋拌章魚和煎秋葵

材料（2人份）

蒸熟章魚…150克

秋葵…8根

黃甜椒…¼個

A
- 砂糖…1小匙
- 醬油…1大匙
- 醋…3大匙
- 橄欖油…3大匙
- 薑泥…1片分量

事前準備

章魚≫斜切成一口大小。

秋葵≫放在砧板上，撒少許鹽（材料量之外），輕輕滾動秋葵，切掉靠近蒂頭的稜角邊緣，再縱切對半。

甜椒≫切1公分寬。

做法

①將材料A倒入盆中拌勻。

②將秋葵、甜椒放入平底鍋中煎一下，加入章魚迅速拌炒。

③將做法②加入做法①中，全部食材都翻拌均勻即成。

魚　冷藏 2~3天

Point

■章魚加熱太久，口感會變硬，所以迅速拌炒一下即可。

⏱15分鐘

07/17

烤梅子味醂風味鱈魚

魚 冷藏2~3天 OK

材料（2人份）

鱈魚…3片
鹽…適量
醃梅子…1個
A 酒…1大匙
A 味醂…1大匙
A 醬油…1大匙
大葉（紫蘇葉）…適量
炒熟白芝麻…適量

事前準備

鱈魚≫切成易入口大小，撒上鹽放置約10分鐘，擦乾水分。
醃梅子≫取出籽，梅肉以菜刀敲碎。

做法

① 將鱈魚、醃梅子和材料A放入密封保鮮袋中醃漬一晚。
② 放入預熱至200℃的烤箱中烘烤10分鐘，再依個人喜好，加入大葉、熟白芝麻享用。

Point
■也可以用廚房燒烤爐來烤喔！
■可依個人喜好更換魚類食材，比如用鰆魚製作也很好吃。

⏱20分鐘

07/18

辛辣煮蒟蒻絲茄子

蔬菜 冷藏2~3天 OK

材料（2人份）

蒟蒻絲…1包（150克）
茄子…2根
薑泥…½大匙
豆瓣醬…½大匙
柴魚昆布高湯…50毫升
（鰹魚風味調味料…1撮
水…50毫升）
A 酒…1大匙
A 味醂…1½大匙
A 砂糖…½大匙
A 醬油…1½大匙
芝麻油…2大匙

事前準備

蒟蒻絲≫放入耐熱容器中，倒入可以蓋過蒟蒻絲的水量，以微波爐600W加熱2分30秒，再切成易入口的長度。
茄子≫縱切對半，再斜切薄片。

做法

① 將蒟蒻絲放入平底鍋中，乾煎至水分收乾。
② 加入芝麻油，續入薑、豆瓣醬以小火拌炒一下，待散發出香氣，加入茄子拌炒均勻。
③ 加入材料A煮滾，放入鍋內蓋壓在食材上，以中火煮4~5分鐘。
④ 打開鍋內蓋，煮至水分收乾即成。

07/19

不用炸的培根起司馬鈴薯可樂餅

35分鐘

OK

冷藏 2~3 天

蔬菜

材料（12個）

馬鈴薯…250克
培根…50克
玉米罐頭…50克
加工起司…45克
日式美乃滋…2大匙
鹽、胡椒…少許
太白粉水…4大匙
（麵粉…4大匙
水…4大匙）
麵包粉…適量
沙拉油…適量

事前準備

馬鈴薯»切成一口大小。
培根»切粗碎。
玉米罐頭»瀝乾水分。
加工起司»切成略小的一口大小。

做法

① 將馬鈴薯放入耐熱容器中，鬆鬆地包上保鮮膜，以微波爐600W加熱6分鐘，趁熱壓成泥。
② 加入培根、玉米、美乃滋、鹽和胡椒混合拌勻。分成12等分，分別先壓平，中間放入一塊加工起司，包整成丸子（圓球）形狀。
③ 先沾裹太白粉水，再整顆均勻沾裹麵包粉。
④ 排在鋪好鋁箔紙的烤盤上，每一個都畫圈淋入沙拉油，放入小烤箱中，以240℃烘烤5~7分鐘，取出翻面，再放回烤箱中烘烤。

Point

■ 加熱時間要視食材情況而調整。
■ 要確實包緊加工起司，以免烘烤時噴飛爆開。

07/20

蔥鹽大蒜雞肉

肉
冷凍 2 天
OK

材料（2人份）

雞腿肉…2片（500克）
大蔥…2根
蒜泥…2瓣分量

A
- 酒…3大匙
- 砂糖…½小匙
- 鹽…1小匙
- 雞高湯粉…2小匙
- 芝麻油…3大匙

事前準備

雞肉≫切掉多餘的皮和脂肪，用叉子在肉表面戳些小洞，再切成略大的一口大小。

大蔥≫斜切1公分寬。

做法

① 將雞肉、大蔥、大蒜和材料A放入密封保鮮袋中搓揉，使其入味，密封好袋口。

② 放入冰箱冷凍保存。

食用時

在平底鍋中鋪好烘焙墊，排入冷凍狀態的雞肉，蓋上鍋蓋，以中小火燜煎約5分鐘。待煎至上色後翻面，再蓋上鍋蓋，以中小火燜煎約5分鐘。把雞肉盛入盤中，淋上平底鍋中的蔥鹽醬料。食用時，可以再滴一點檸檬汁。

07/21

自製莎莎醬

其他
冷藏 2~3 天

材料（容易製作的分量）

蕃茄…2個（400克）
洋蔥…½個
青椒…2個
大蒜…1瓣分量
橄欖油…2大匙

A
- 蕃茄醬…3大匙
- 檸檬汁…2小匙
- 塔巴斯可辣椒醬…5滴
- 鹽、胡椒…少許

事前準備

蕃茄、洋蔥、青椒≫切1公分小丁。

大蒜≫切碎。

做法

① 橄欖油倒入平底鍋中熱油，加入洋蔥、青椒和大蒜拌炒。

② 待散發出蒜香，加入蕃茄和材料A，燉煮5～8分鐘，離火。

③ 趁熱倒入瓶中，高度至瓶口下方一點點，蓋上瓶蓋，瓶身倒扣等待冷卻，進行簡易脫氧。

Point

- 塔巴斯可辣椒醬的分量，可依個人喜好的辣度調整。
- 瓶身倒扣可排除瓶內的空氣，延長保存時間。

07/22

雙倍蔥段豬肉蓋飯

材料（4次食用的分量）

豬梅花薄肉片…500克
韭菜…½把
大蔥…1根
洋蔥…½個

A
蒜泥…1瓣分量
薑泥…1片分量
酒…3大匙
味醂…1½大匙
砂糖…1½大匙
醬油…3大匙
豆瓣醬…1小匙

肉｜冷凍2週｜OK

事前準備

豬肉≫切成一口大小。
韭菜≫切3公分長。
大蔥≫斜切2公分寬。
洋蔥≫切薄片。

做法

① 將豬肉、材料A放入密封保鮮袋中搓揉一下，使其入味，接著再加入韭菜、大蔥和洋蔥，繼續搓揉一下。

② 擠出保鮮袋中的空氣後密封，放入冰箱冷凍保存。

食用時

取出一半量冷凍狀態的做法②（2人份）放入平底鍋中，加入1大匙水，蓋上鍋蓋，以中火燜煎約3分鐘。掀開鍋蓋，拌炒至水分收乾。可依個人喜好，鋪上蛋黃一起享用。

07/23

奶油香蒜炒雞肉蘑菇

材料（2人份）

雞腿肉…1片（250克）
鹽…少許
粗粒黑胡椒…少許
蘑菇…10朵（100克）
大蒜…1瓣
醬油…1小匙
橄欖油…1大匙
無鹽奶油…10克

肉｜冷藏2~3天｜OK

事前準備

雞肉≫切掉多餘的皮和脂肪，再切成略大的一口大小，撒上鹽、胡椒。
蘑菇≫切掉根部，蕈傘縱切對半。
大蒜≫切碎。

做法

① 將橄欖油、大蒜放入平底鍋中加熱，待散發出香氣，雞皮那面朝下放入鍋中，煎至兩面都呈金黃且微焦。

② 待雞肉煎熟之後，放入蘑菇拌炒。

③ 改成大火，沿鍋邊畫圈淋入醬油，迅速拌炒均勻，最後加入奶油拌勻即成。

Point

■蘑菇過度加熱的話會縮小，所以建議切大塊一點再入鍋烹調。

07/24

鮪魚罐頭肉醬

材料（容易製作的分量）

鮪魚罐頭…2罐
無鹽奶油…20克
牛奶…1大匙
蒜泥…½小匙
鹽…少許
粗粒黑胡椒…少許

事前準備

鮪魚罐頭≫瀝乾油分。
奶油≫回溫成室溫。

做法

① 將所有食材都放入盆中。
② 充分混合拌勻至呈糊狀即成。

Point

■ 可依個人喜好撒上粉紅胡椒、香葉芹食用。
■ 奶油在室溫下軟化後呈糊狀，更容易和其他食材混拌均勻。

其他　冷藏2~3天　OK

07/25

辣味醬油漬大葉

材料（2人份）

大葉（紫蘇葉）…15片

A
大蔥…¼根
蒜泥…1小匙
薑泥…1小匙
味醂…1大匙
砂糖…½大匙
醬油…3大匙
韓國辣椒醬…½大匙
一味辣椒粉…½小匙
炒熟白芝麻…1大匙
芝麻油…1大匙

事前準備

大葉≫切掉莖。
大蔥≫切碎。
味醂≫以微波爐600W加熱30秒。

做法

① 用廚房紙巾將大葉確實吸乾水分。
② 將材料A倒入盆中混拌均勻，把大葉一片一片放入其中均勻沾附醬料，再疊放入保存容中。
③ 把保鮮膜緊貼著大葉，放入冰箱冷藏半天~1天即成。

Point

■ 雖然醃漬1小時後就能食用，但醃漬越久越能入味，風味更佳。
■ 醃漬大葉時，把保鮮膜當成鍋內蓋緊貼著大葉，更能充分入味。

蔬菜　冷藏2~3天　OK

07/26

濕潤口感橄欖油漬鮭魚

魚　冷藏1天

材料（容易製作的分量）

鮭魚…300克
鹽…1大匙
橄欖油…500毫升
月桂葉…1片

事前準備

鮭魚≫撒上鹽，放置約15分鐘，擦乾水分。

做法

① 將橄欖油倒入鍋中，加熱至150℃。
② 待油面開始冒出泡泡，離火，將鮭魚輕輕放入橄欖油中，放置約1小時，利用油的餘熱使鮭魚肉熟。

Point
■可以用筷子將完成的鮭魚肉稍微弄散。直接食用非常好吃，但建議可以當作三明治的夾餡，或是義大利麵的配料享用。

07/27

中式醬汁泡茄子油豆腐

蔬菜　冷藏2~3天　OK

材料（2人份）

茄子…2根
油豆腐…1塊
大蔥…½根
A 砂糖…1大匙
醋…3大匙
醬油…3大匙
薑泥…1小匙
蒜泥…½小匙
芝麻油…3大匙

事前準備

茄子≫縱切6等分，長度再切一半。
油豆腐≫縱切對半，再切1公分厚。
大蔥≫切碎。

做法

① 芝麻油倒入平底鍋中熱油，排入茄子、油豆腐，分別煎至兩面都上色，然後放入保存容器中。
② 將大蔥、材料A放入盆中充分混勻，再淋入做法①中即成。

Point
■將食材充分煎至上色，香氣四溢更令人食指大動。
■趁著茄子和油豆腐還熱著時，淋入醬料，更能滲透入味。

07/28

薑燒胡蘿蔔豬肉片

肉
冷藏 2~3天
OK

材料（2人份）

豬梅花薄肉片…300克
胡蘿蔔…1根（200克）
鹽、胡椒…少許
A
味醂…2大匙
酒…2大匙
醬油…2大匙
薑泥…2小匙
沙拉油…½大匙

事前準備

豬肉≫長度切成3等分。
胡蘿蔔≫用削皮刀削成薄片。

做法

① 沙拉油倒入平底鍋中熱油，放入豬肉煎。
② 加入胡蘿蔔迅速拌炒，再加入材料A，以大火煮至水分收乾，食材表面沾附醬汁即成。

Point

■ 胡蘿蔔用削皮刀削成薄片，更能快速炒熟，食用時也能維持最佳口感。
■ 也可以改用腿肉薄片或薄切豬肉片烹調，做法相同，美味不打折。

07/29

鱈寶起司培根捲

肉
冷藏 2~3天
OK

材料（2人份）

鱈寶（鱈魚豆腐）…1片（100克）
培根（對切成半條）…8片
起司片…1片
鹽、胡椒…少許

事前準備

鱈寶、起司≫切成8等分。

做法

① 將每一片起司分別排放在每一片鱈寶上，再用培根包捲起來，一共完成8個培根捲。
② 將做法①排在鋪好鋁箔紙的烤盤上，撒上鹽、胡椒，放入小烤箱中烘烤8～10分鐘即成。

Point

■ 也可改用大葉（紫蘇葉）包捲，或是塗抹日式美乃滋、市售奶油味醬油，品嘗不同的風味。

07/30

煎味醂漬鯖魚

10分鐘

材料（2人份）

鯖魚（片成3片）⋯1尾
鹽⋯2小匙
味醂⋯80毫升
醬油⋯20毫升
炒熟白芝麻⋯1大匙
沙拉油⋯適量

事前準備

鯖魚≫切成3公分寬，撒上鹽放15分鐘後，擦掉多餘的水分和鹽，放入保存容器中。

做法

① 將味醂、醬油倒入盆中混拌均勻，再倒入放了鯖魚的保存容器中，把保鮮膜緊貼著鯖魚，放入冰箱冷藏2小時。

② 在烤盤上鋪好鋁箔紙，塗抹沙拉油，排上瀝乾的做法①，撒上白芝麻，放入小烤箱以250℃烘烤5分鐘。

魚
冷藏 2~3天
OK

Point

■ 如果想要魚皮酥脆，可在魚肉烤熟之後翻面，再繼續以小烤箱烘烤2~3分鐘。

■ 你也可以試試加入些許砂糖，便能品嘗到微甘風味的料理。

07/31

泡菜漬油豆腐

15分鐘

材料（2人份）

油豆腐⋯1塊
白菜泡菜⋯60克
A 砂糖⋯1大匙
A 醬油⋯1大匙
A 韓國辣椒醬⋯1大匙
A 炒熟白芝麻⋯1大匙
A 芝麻油⋯1大匙

事前準備

油豆腐≫以滾水沖淋油豆腐，切成1公分小丁。

泡菜≫切粗碎。

做法

① 在烤盤上鋪好鋁箔紙，排上油豆腐，放入小烤箱烘烤5分鐘。

② 將泡菜、材料A倒入盆中混拌均勻。

③ 將做法①、②倒入保存容器中立刻混拌，放入冰箱冷藏大約半天~1天使其入味即成。

其他
冷藏 2~3天
OK

Point

■ 完成後可以馬上食用，但若能放久一點，食材會更入味。

■ 在這道料理中，因爲將食材切成小塊，所以更能醃漬入味。

Column 小專欄 7

夏日製作常備菜時，
必須特別留意的地方

夏天高溫多濕，容易導致食物腐敗，
因此製作常備菜時，必須多留意一些地方。
以下提供幾點建議給讀者參考，才能吃得衛生且安全。

1

盡可能快點吃完

夏天食物容易腐敗，因此建議在常備菜的保存期限前食用完畢。常備菜的食用期限，可能因冰箱冷藏庫打開的次數，或是常備菜放置的位置而略有變化，所以必須先確認食物的味道和顏色後再食用。此外，製作料理時，必須使用新鮮食材。

2

建議夏日食用可以冷凍的常備菜

冷凍可以抑制細菌繁殖，因此將可以冷凍的常備菜放入冰箱冷凍保存，無疑是最好的方法。只要取出欲食用的分量解凍，加熱至熱騰騰再食用。如果要當成便當菜，必須放涼後再裝入便當盒內。解凍後的料理不可以重新冷凍，要盡快吃完。

3

使用能抑制細菌繁殖的食材、調味料

醃梅子是眾所皆知，具有抑制細菌繁殖效果的代表性食物，加入燉煮料理中，就成了醃梅子風味料理，也可以放入便當中。此外，像很多人會把醋或是山葵加在涼拌料理中，你也可以嘗試將具有抑制細菌繁殖效果的食材，運用在各種料理中。

食材

醃梅子　其所含的檸檬酸 (citric acid) 等有機酸，可以抑制細菌繁殖。

薑　生薑富含薑醇 (gingerol)，具有抗菌效果。

大葉　大葉（紫蘇葉）獨特的香氣含有殺菌成分，建議切碎食用。

山椒　它含有具殺菌效果的山椒醇 (sanshool)，十分受到大衆期待。

醋　醋中的醋酸成分，具有抑制細菌繁殖的效果。

山葵　山葵中的異硫氰酸烯丙酯 (ally isothiocyanate) 辣味成分，具有抗氧化作用。

08/01

微波甜醋漬茗荷

蔬菜　冷藏4~5天　OK

10分鐘

材料（2人份）

茗荷（蘘荷、野薑）…10根
砂糖…3大匙
鹽…⅓小匙
醋…100毫升

事前準備

茗荷»切掉根部。

做法

① 用保鮮膜包好茗荷，以微波爐600W加熱1分鐘。
② 將砂糖、鹽和醋倒入保存容器中混拌均勻，放入做法①醃漬1小時以上，使其入味。

Point

■ 茗荷加熱後顏色會變得有些暗沉，但放入醋中浸泡，顏色會回復鮮豔色澤。
■ 直接食用的話，可以當作晚餐過程中清除口中雜味，使口氣清爽再吃下一道料理的小菜，或是爲便當增添色澤。另外，還可以切碎搭配冷豆腐和散壽司食用，是很重要的食材。

08/02

梅肉柚子醋醬油煮茄子豬肉

肉　冷藏2~3天　OK

15分鐘

材料（2人份）

茄子…3根
豬梅花薄肉片…200克
A
- 柚子醋醬油…3大匙
- 蜂蜜…2小匙
- 醃梅子肉…2個分量
- 薑泥…½小匙

水…30毫升
芝麻油…1小匙
大葉（紫蘇葉）…適量

事前準備

茄子»縱切4等分，再切滾刀塊。
材料A»混拌均勻。
大葉»切絲。

做法

① 芝麻油倒入平底鍋中熱油，放入豬肉炒至顏色變白。
② 放入茄子迅速拌炒，加入材料A、水，蓋上鍋蓋煮約10分鐘。
③ 掀開鍋蓋，煮至醬汁收乾。食用時，再擺上大葉搭配即成。

Point

■ 醃梅子和蜂蜜，是很推薦的搭配。

08/03

不用炸的紫蘇豬肉排

OK

冷藏 2~3天

肉

材料（2人份）

薄切豬肉片…300克
鹽、胡椒…少許
大葉（紫蘇葉）…10片
日式美乃滋…1大匙
A
中濃醬汁…2大匙
醬油…½大匙
蜂蜜…1大匙
麵包粉…30克
沙拉油…1大匙

事前準備

大葉≫切絲。

做法

① 將豬肉放入盆中，撒入鹽、胡椒搓揉，加入大葉、材料A混拌均勻，再分成一口一口的分量，用手捏成四方形。

② 將麵包粉、沙拉油倒入平底鍋中，以中小火炒至麵包粉均勻上色，倒至方盤中冷卻，放涼後，放入做法①均勻沾裹一層麵包粉。

③ 在烤盤上塗抹一層沙拉油（材料量之外），排上做法②，放入小烤箱中，以230℃烘烤10～15分鐘，然後翻面，繼續烘烤約10分鐘即成。

Point

- 要一邊觀察豬排的狀況，一邊調整小烤箱的烘烤時間。如果擔心烤焦，可以在烤的過程中，蓋上鋁箔紙再烤。
- 也可以用砂糖取代蜂蜜，蜂蜜的分量可依個人的喜好增減。

08/04

加了泡菜的山形涼拌蔬菜總匯

5分鐘

蔬菜 冷藏 2~3天

材料（容易製作的分量）

白菜泡菜…30克
茄子…1根
小黃瓜…1根
秋葵…3根
茗荷（襄荷、野薑）…1個
大葉（紫蘇葉）…5片
薑…2片
昆布絲…5克
A
薄口（淡口、淡色）醬油…3大匙
味醂…1大匙
醋…2小匙
砂糖…2小匙

事前準備

泡菜》切細碎。
茄子》切0.5公分碎丁，放入水中浸泡約3分鐘。
小黃瓜、秋葵、茗荷、大葉》切0.5公分碎丁。
薑》切碎。

做法

① 將所有食材放入盆中，加入材料A混合拌勻。
② 將做法①裝入保存容器中，放入冰箱冷藏醃漬約1小時，使其入味即成。

Point
■如果不喜歡味醂的酒精味，可以先把味醂以微波爐600W加熱30秒，再和其他食材一起混拌。

*編註：山形縣位於日本的東北地方，這道小菜是山形縣有名的地方料理。

08/05

醃梅子小黃瓜豬肉捲

20分鐘

肉 冷藏 2~3天 OK

材料（2人份）

豬梅花薄肉片…200克
小黃瓜…2根
醃梅子…4個
柚子醋醬油…適量
炒熟白芝麻…適量

事前準備

小黃瓜》放在砧板上，撒些許鹽（材料量之外），輕輕滾動，迅速用水洗淨，擦乾水分。長度切3等分，每一等分再縱切2等分。
醃梅子》取出籽，梅肉以菜刀敲碎。

做法

① 在小黃瓜的切面塗上梅肉。
② 取薄肉片捲好做法①，將肉捲接縫處朝下排在烤盤上，放入小烤箱中，以200℃烘烤10分鐘。
③ 淋入柚子醋醬油，撒上白芝麻即成。

Point
■因爲是把肉捲接縫處朝下排在烤盤上加熱，所以肉捲比較不會散掉。

⏱25分鐘

08/06

起司餡迷你燒肉漢堡排

材料（2人份）

豬牛混合絞肉…200克
洋蔥…¼個
奶油起司…30克
麵包粉…2小匙
牛奶…2小匙
燒肉醬…2大匙
鹽、胡椒…少許
沙拉油…½大匙

肉　冷凍 2 週　OK

事前準備

洋蔥≫切碎。
奶油起司≫分成6等分。
麵包粉≫加入牛奶中浸泡。

做法

① 將絞肉、洋蔥、麵包粉、鹽和胡椒放入盆中混合攪拌，攪拌至產生黏性。
② 分成6等分，每等分先壓成圓扁狀，中間擺上奶油起司，包成圓餅形。
③ 沙拉油倒入平底鍋中熱油，放入做法②煎，煎至一面上色後翻面，蓋上鍋蓋，燜煎約3分鐘。
④ 掀開鍋蓋，加入燒肉醬煮至食材表面沾附醬汁，離火，放涼即成。

保存&食用時

將包好的漢堡排一個一個用保鮮膜包好，放入容器中，再移入冰箱冷凍保存。欲裝入便當盒的半天前，拿到冰箱冷藏半解凍，以微波爐600W加熱30秒～1分鐘，擦乾水分，放涼後再裝入便當盒中即可。

⏱20分鐘

08/07

甜醋炒雞腿肉地瓜

材料（2人份）

雞腿肉…1片（250克）
地瓜…250克
蓮藕…200克
A
砂糖…2大匙
水…1大匙
醬油…2大匙
醋…1大匙
炒熟白芝麻…適量
太白粉…適量
沙拉油…適量

肉　冷藏 2~3 天　OK

事前準備

雞肉≫切成一口大小，撒上鹽、胡椒（材料量之外）和太白粉抓拌。
地瓜≫切滾刀塊，放入水中浸泡。
蓮藕≫切成1公分厚的半月形。

做法

① 將地瓜、蓮藕和太白粉倒入食物保鮮袋中，抓緊袋口（不需擠出空氣），直接搖晃食物袋，讓食材均勻沾裹太白粉。
② 沙拉油倒入平底鍋中，倒入約1公分高度，放入做法①，以中小火煎炸，煎炸至上色，取出備用。
③ 將雞肉放入做法②的平底鍋中，以中火煎熟，同時用廚房紙巾擦掉鍋面多餘的油分。
④ 把蔬菜放回平底鍋中，加入材料A煮至醬汁收乾，待食材表面帶有光澤感後撒上白芝麻即成。

08/08

薑味醬汁浸泡煎秋葵

蔬菜　冷藏2~3天　OK

材料（2人份）

秋葵…2包（16根）
芝麻油…1大匙
A
味醂…1 ½ 大匙
醬油…1 ½ 大匙
薑泥…½ 小匙
鰹魚風味調味料…½ 小匙
水…200毫升

事前準備

秋葵》將秋葵放在砧板上，撒少許鹽（材料量之外），輕輕滾動秋葵，以水清洗，瀝乾水分。先切掉蒂頭，再切掉靠近蒂頭的稜角邊緣。

做法

① 沙拉油倒入平底鍋中熱油，排入秋葵，一邊翻動一邊煎，煎至整個上色，先取出備用。
② 將材料A放入耐熱容器中混拌均勻，以微波爐600W加熱2分鐘。
③ 將做法①放入保存容器中，淋入做法②，可依個人喜好加入紅辣椒裝飾。

Point
■ 秋葵放入平底鍋中要確實煎至上色，成品愈加香氣濃郁。

08/09

照燒南瓜豬肉捲

肉　冷藏4~5天　OK

材料（2人份）

豬梅花薄肉片…200克
鹽、胡椒…少許
南瓜…200克
沙拉油…2大匙
燒肉醬…4大匙
炒熟白芝麻…適量

事前準備

豬肉》撒上鹽、胡椒。
南瓜》切0.7~0.8公分厚的薄片。

做法

① 將南瓜放入耐熱容器中，鋪上以水沾濕的廚房紙巾，鬆鬆地包上保鮮膜，以微波爐600W加熱6分鐘。
② 待做法①放涼後，用豬肉片把一塊塊南瓜包捲好。
③ 沙拉油倒入平底鍋中熱油，將做法②的肉捲接縫處朝下放入鍋中煎熟。
④ 加入燒肉醬，讓肉捲均勻沾附醬汁，再依個人喜好撒上白芝麻即成。

10分鐘

08/10

麵味露美乃滋冬粉沙拉

蔬菜
冷藏 2~3天

材料（2袋分量）

乾燥冬粉…50克
蟹味棒…5根
小黃瓜…½根
乾燥海帶芽…3克
麵味露（3倍濃縮）…1½大匙
日式美乃滋…1½大匙

事前準備

蟹味棒≫撕成細條。
小黃瓜≫切絲。

做法

① 將冬粉、海帶芽放入耐熱容器中，倒入可以蓋過食材的水量，包上保鮮膜，以微波爐600W加熱3分鐘。取出用濾網瀝乾，放入盆子中。

② 加入麵味露、美乃滋充分拌勻，續入蟹味棒、小黃瓜混合拌勻。可依個人喜好，加入白芝麻，淋上芝麻油食用。

Point

■ 冬粉如果太長，可以用刀剪成易入口的長度。
■ 冬粉和海帶芽要確實去掉水分，才能加入麵味露、美乃滋拌勻。

20分鐘

08/11

冰涼關東煮

蔬菜
冷藏 2~3天

材料（2人份）

白蘿蔔…⅓根
中型蕃茄…4個
秋葵…4根
薩摩炸魚餅…2片
水煮蛋…2個
柴魚昆布高湯…400毫升
A
酒…4大匙
味醂…3大匙
薄口（淡口、淡色）醬油…½大匙
鹽…1小匙

事前準備

白蘿蔔≫切1.5公分厚的圓厚片。
蕃茄≫用刀在蕃茄劃上刀紋。
秋葵≫放在砧板上，撒少許鹽（材料量之外），輕輕滾動秋葵，去除表面的細毛。
炸魚餅≫滾水汆燙，去掉油分。

做法

① 在鍋中倒入大量水煮滾，放入蕃茄汆燙約30秒，撈出放入冷水中浸泡一下，剝掉蕃茄外皮。

② 將白蘿蔔、柴魚昆布高湯倒入另一個鍋中煮滾，加入材料A，放入鍋內蓋壓在食材上，以小火燉煮10分鐘。

③ 加入秋葵、炸魚餅煮約1分鐘，離火，加入水煮蛋後放冷卻。最後放入蕃茄，全部移至冰箱冷藏。

Point

■ 蕃茄剝掉外皮，調味料、醬汁會比較容易入味。
■ 因爲放冷卻時比較容易滲透入味，所以趁還熱著時加入蛋爲佳。

08/12

炸豆皮雞絞肉捲

肉　冷藏2~3天　OK

30分鐘

材料（2人份）

炸豆皮…3片
雞絞肉…150克
板豆腐…1塊（300克）
—A—
砂糖…1大匙
鹽…½小匙
麵包粉…4大匙（12克）
薑泥…1小匙
沙拉油…2大匙
太白粉…適量
—B—
味醂…100毫升
醬油…3大匙
鰹魚風味調味料…½小匙
水…100毫升

事前準備

炸豆皮》淋滾水去掉油分，擦乾水分。
豆腐》用廚房紙巾包好，拿重物壓在豆腐上約10分鐘，去除豆腐的水分。

做法

① 將絞肉、豆腐和材料A放入盆中，充分抓拌均勻。
② 將炸豆皮的一長邊、二短邊割開，僅留下一其中一長邊不要割開，攤平炸豆皮（內側朝上），撒上太白粉。
③ 取三分之一量的做法①塗抹在炸豆皮上，抹平，從靠近自己這側往前捲起，再整捲均勻撒上太白粉。以相同的方法完成3個雞絞肉捲。
④ 沙拉油倒入平底鍋中熱油，將做法③接縫處朝下排入鍋中煎，不時翻動，油煎至整個都呈金黃。
⑤ 加入材料B，煮滾後蓋上鍋蓋，以小火燉煮約10分鐘即成。

@aya_aya1128

08/13

中式風味辣炒櫛瓜條

蔬菜　冷藏2~3天　OK

20分鐘

材料（2人份）

櫛瓜…1根
黃櫛瓜…1根
—A—
豆瓣醬…1小匙
蠔油…1大匙
砂糖…1大匙
酒…½大匙
芝麻油…1大匙
炒熟白芝麻…適量

事前準備

2種櫛瓜》切5公分長細條。

做法

① 芝麻油倒入平底鍋中熱油，放入2種櫛瓜拌炒。
② 炒至熟軟之後，加入材料A迅速拌炒。
③ 待食材都沾附了材料A，撒入白芝麻混拌均勻即成。

Point
■如果無法吃辣的話，可以減少豆瓣醬的分量。

08/14

蕃茄煮蕈菇豬肉

⏱20分鐘

OK（微波）　冷藏 2~3 天　肉

材料（2人份）

薄切豬肉片…200克
洋蔥…1個
鴻喜菇…1包（80克）
杏鮑菇…4根
切丁蕃茄罐頭…1罐（450克）
鹽、胡椒…少許
麵粉…½大匙
A
蕃茄醬…2大匙
烏斯特黑醋…1大匙
法式清湯粉…1小匙
鹽…1小匙
橄欖油…2大匙

事前準備

洋蔥≫切薄片。
鴻喜菇≫切掉根部，剝散。
杏鮑菇≫切滾刀塊。

做法

① 將豬肉倒入食物保鮮袋中，撒入鹽、胡椒和麵粉，抓緊袋口，直接搖晃搓揉。
② 將1大匙橄欖油倒入平底鍋中加熱，放入做法①拌炒至九分熟，先取出備用。
③ 用廚房紙巾輕輕擦拭鍋面，倒入剩下的橄欖油加熱，放入洋蔥，以小火炒至洋蔥變軟。
④ 加入鴻喜菇、杏鮑菇拌炒均勻，把做法②倒入，以大火拌炒約1分鐘。
⑤ 加入蕃茄罐頭、材料A充分混拌均，不時攪動，繼續煮約5分鐘。
⑥ 加入鹽調味即成。

Point

■ 加入蕈菇食材後，要一邊攪動一邊拌炒，以免燒焦。
■ 豬肉因爲沾裹了麵粉，所以肉不會縮小，並且口感柔軟。

08/15

南蠻漬竹筴魚

魚
冷藏 2~3天
OK

材料（2人份）

竹筴魚（片成3片）…2尾
洋蔥…½個（100克）
青椒…1個（40克）
胡蘿蔔…⅓根（50克）
沙拉油…適量

—A—
太白粉…2大匙
麵粉…2大匙

紅辣椒（切圓片）…1根分量

—B—
鰹魚風味調味料…⅓小匙
水…150毫升
砂糖…2大匙
醬油…2大匙
醋…3大匙

20分鐘

事前準備

竹筴魚》撒些許鹽（材料量之外），放置約5分鐘，擦乾水分後切成一口大小。
洋蔥》切薄片。
青椒》縱切對半，橫切5公分寬細條。
胡蘿蔔》切4公分長細條。
材料A》混拌均勻。

做法

① 將竹筴魚均勻沾裹一層材料A。
② 竹筴魚放入加熱至170℃的沙拉油鍋中，炸至酥脆，瀝乾油分。
③ 將材料B倒入鍋中加熱，煮滾後離火。
④ 將蔬菜類食材、做法②倒入方盤中，淋入做法③，輕輕混合拌勻全部食材，放入冰箱冷藏30分鐘～1小時，使其醃漬入味。

08/16

磯邊燒泡菜豬肉圓餅

肉
冷藏 2~3天
OK

材料（2人份）

薄切豬肉片…250克
白菜泡菜…120克
披薩用起司…40克

—A—
酒…1小匙
味醂…1小匙
麵味露（3倍濃縮）…2小匙
太白粉…½大匙

燒海苔…適量
芝麻油…1大匙

20分鐘

事前準備

泡菜》切粗碎。
燒海苔》切成搭配泡菜豬肉圓餅的長度。

做法

① 將豬肉、泡菜、披薩用起司倒入盆中，加入材料A混合拌勻成餡料。
② 取少量做法①，手捏整型成圓餅狀，再包捲上燒海苔。
③ 芝麻油倒入平底鍋中熱油，排入做法②煎至上色，翻面，蓋上鍋蓋，以小火煎約5分鐘至熟。

Point
■ 如果餡料太軟，手捏難以成型，可以加入少許太白粉調整。

＊編註：「磯邊」是指用海苔包裹、包捲食材烹調的料理，像磯邊燒（煎烤類料理）、磯邊揚（炸類料理）等。

⏱10分鐘

08/17

麵味露柚子醋醬油漬白蘿蔔

蔬菜｜冷藏 2~3天｜OK

材料（2人份）

白蘿蔔…350克
鹽…1撮
麵味露（3倍濃縮）…2大匙
水…4大匙
柚子醋醬油…3大匙
柴魚片…2大匙

事前準備

白蘿蔔 ≫ 切四分之一的圓片，撒入鹽揉搓，放置約5分鐘，擦乾水分。

做法

① 將柴魚片、白蘿蔔一層一層排入保存容器中。
② 將麵味露、水和柚子醋醬油混拌均勻，倒入做法①中。
③ 放入冰箱冷藏一晚，使其醃漬入味即成。

Point
■ 白蘿蔔撒入鹽揉搓後會出水，務必要擦乾水分，才能充分醃漬入味。

⏱10分鐘

08/18

韓式拌辣味茄子

蔬菜｜冷藏 2~3天｜OK

材料（2人份）

茄子…4根
醋…1小匙
A
蔥花…4根分量
炒熟白芝麻…3大匙
醬油…1大匙
砂糖…1大匙
一味辣椒粉…少許
芝麻油…2大匙
辣油…1小匙

蔥白絲…適量
紅辣椒絲…適量

事前準備

茄子 ≫ 剝皮，縱切8等分。

做法

① 鍋中倒入大量水煮滾，加入醋，放入茄子煮3~4分鐘，撈出放入冷水中浸泡，再確實擠乾水分。
② 將材料A拌勻，再和做法①的茄子混拌均勻。
③ 欲食用時，放上蔥白絲、紅辣椒絲一起享用最可口。

Point
■ 因為加入了醋一起煮茄子，可以有效防止茄子變色。

08/19

醬汁浸泡炸整根茄子

冷藏 2~3 天

蔬菜

材料（2人份）

茄子…5根
柴魚昆布高湯…250毫升
（鰹魚風味調味料…½小匙
水…250毫升）
A
薑泥…1小匙
酒…1½大匙
味醂…2大匙
醬油…2大匙
沙拉油…適量

事前準備

茄子≫沿著蒂頭下方一圈劃上刀紋，去掉瓣。整根茄子縱向往下畫長長的刀紋。

做法

① 沙拉油倒入平底鍋中，加熱至170℃，放入茄子，一邊上下翻動，炸約8分鐘。待茄子變成漂亮的紫色，並且用料理筷挾起已變軟時，取出瀝乾油分，放入保存容器中。

② 將柴魚昆布高湯、材料A倒入鍋中加熱，煮滾後離火。

③ 將做法②畫圈淋入茄子上，稍微置放一下，不時翻動，使醬汁能充分滲入整根茄子，能更入味。可依個人喜好，撒入蔥花食用。

Point

■ 爲了防止茄子皮破裂且不小心煮過熱，記得要在茄子表面劃上刀紋。

■ 趁茄子還熱時淋入調味醬汁，茄子更易入味喔！

08/20

麻婆小黃瓜

15分鐘

材料（2人份）

小黃瓜…3根
豬絞肉…150克
薑泥…½小匙
蒜泥…½小匙
大蔥…15克

A
酒…1大匙
砂糖…1小匙
雞高湯粉…1小匙
豆瓣醬…1小匙
紅味噌…1大匙

水…50毫升
芝麻油…1½大匙

蔬菜
冷藏 2~3 天
OK

事前準備

小黃瓜》用削皮刀間隔削皮，削成條紋狀。
大蔥》切蔥花。

做法

① 芝麻油倒入平底鍋中熱油，放入薑、大蒜和大蔥，以小火加熱。
② 待炒出香氣，放入絞肉炒至顏色變白，續入小黃瓜拌炒。
③ 小黃瓜炒軟後，加入材料A、水煮至水分收乾。可依個人喜好，加入紅辣椒絲，撒上白芝麻一起享用。

Point
- 將小黃瓜外皮間隔削皮，使成條紋狀，更容易吸收調味醬汁。
- 除了紅味噌，也可以改用甜麵醬調味，成品一樣美味。

08/21

非油炸味噌雞胸肉排

20分鐘

材料（2人份）

雞胸肉…200克

A
調合味噌…1½大匙
味醂…1大匙
醬油…1小匙
砂糖…1小匙
日式美乃滋…1小匙

麵包粉…適量
芝麻油…1小匙

肉
冷藏 2~3 天
OK

事前準備

雞肉》切掉多餘的皮，再斜切成一口大小。
材料A》混拌均勻。

做法

① 將材料A塗抹在雞肉上，均勻沾裹一層麵包粉，淋上芝麻油。
① 放入小烤箱，烘烤大約15~20分鐘至熟。

Point
- 因爲淋入了芝麻油，所以外層麵包粉烘烤完成後，口感非常酥脆。
- 也可以用雞柳取代雞胸肉製作這道料理喔！

08/22

辣味芝麻拌雞柳四季豆

材料（容易製作的分量）

雞柳…3條
四季豆…100克
鹽、胡椒…少許
酒…2大匙
水…1大匙

A
炒熟白芝麻…3大匙
砂糖…1大匙
醬油…1大匙
豆瓣醬…½小匙

肉
冷藏 2~3 天
OK

事前準備

雞柳≫切掉筋膜，灑入酒。
四季豆≫去掉蒂頭和筋絲。

做法

① 將雞柳放入耐熱盤中，撒上鹽、胡椒，鬆鬆地包上保鮮膜，以微波爐600W加熱2分鐘，放涼。
② 將做法①撕成易入口食用的大小。
③ 將四季豆放入另一個耐熱盤中，倒入水，鬆鬆地包上保鮮膜，以微波爐600W加熱1~2分鐘。放入冷水中浸泡，再撈出用廚房紙巾吸乾水分。
④ 將做法③四季豆切成3公分長段。
⑤ 將做法②、④和材料A放入盆中，全部食材混拌均勻即成。

Point

■ 烹調前先把酒灑在雞柳上，抓拌一下再加熱，雞柳的口感更濕潤、不乾柴。
■ 把加熱好的四季豆放入冷水中泡，可維持翠綠的色澤，以及清脆的口感。

08/23

大蔥味噌雞肉丸

材料（2人份）

雞絞肉…300克
大蔥…½根

A
薑泥…1小匙
鹽、胡椒…少許
調合味噌…1大匙
太白粉…2大匙
炒熟白芝麻…1大匙

肉
冷藏 2~3 天
OK

事前準備

大蔥≫切碎。

做法

① 將絞肉、大蔥和材料A放入食物保鮮袋中，揉捏使食材混合均勻。
② 保鮮袋剪開一個小洞，擠一些做法①在鋁箔紙杯中，再整型成一個個丸子狀。
③ 放入小烤箱中，烘烤15~20分鐘至熟。

食用時

欲裝入便當前，將肉丸連同鋁箔紙杯，一起放入小烤箱中加熱，又或者將肉丸取出，放入微波爐中加熱。等肉丸放涼後，再裝入便當盒中。

08/24

梅子照燒茗荷肉捲

材料（2人份）

豬五花薄片…6片
鹽、胡椒…少許
茗荷（蘘荷、野薑）…3根
大葉（紫蘇葉）…3片
A
酒…1大匙
味醂…1大匙
醬油…1大匙
砂糖…2小匙
醃梅子肉…1個分量
沙拉油…1大匙

肉
冷藏 2~3 天
OK

事前準備

茗荷 ≫ 斜切對半。
大葉 ≫ 切掉莖，再切對半。

做法

① 取1片豬肉片鋪平，撒入鹽、胡椒，放上茗荷、大葉後捲起，稍微整型一下。以相同的方式完成其他肉捲。
② 沙拉油倒入平底鍋中熱油，放入做法①開始煎。
③ 待肉捲全部煎至上色，取廚房紙巾擦掉鍋面多餘的油分，加入材料A、梅肉煮至醬汁收乾，再依個人喜好撒入白芝麻即成。

Point
■ 豬肉捲捲好之後要用力握緊，以免散開。

08/25

柔軟多汁紅茶風味豬肉

材料（2人份）

豬五花肉塊…400克
紅茶茶包…1個
A
酒…3大匙
醬油…3大匙
味醂…3大匙
醋…1小匙
薑泥…1片分量
蒜泥…1瓣分量
五香粉…適量

肉
冷藏 4~5 天
OK

做法

① 將豬肉放入鍋中，倒入可以蓋過豬肉的水量，放入紅茶包，大約煮40分鐘。
② 將做法①離火，置於一旁放涼，然後切0.5公分厚，放入保存容器中。
③ 將材料A倒入鍋中煮，煮滾後倒入做法②的保存容器中即成。

Point
■ 煮豬肉時，要時時留意豬肉的烹調狀況，以免滾水溢出。

08/26

煎味醂漬鮭魚

20分鐘

魚
冷藏 2~3天
OK

材料（2人份）

鮮嫩鮭魚⋯3片
鹽⋯少許
味醂⋯60毫升
醬油⋯1大匙
沙拉油⋯2小匙

事前準備

鮭魚≫取出魚刺，撒上鹽，放置約5分鐘使其出水，擦乾水分後切成3～4等分。

做法

① 將鮭魚、味醂和醬油放入密封保鮮袋中，輕輕搓揉，再放入冰箱冷藏半天以上，使其醃漬入味。
② 取出鮭魚，用廚房紙巾擦乾水分，醃漬鮭魚的醬汁不要全部倒掉，保留約2大匙備用。
③ 沙拉油倒入平底鍋中熱油，放入鮭魚，煎至鮭魚兩面都上色，然後蓋上鍋蓋，以小火燜煎至鮭魚肉熟。
④ 掀開鍋蓋，倒入預留的2大匙醬汁，煮至醬汁收乾即成。

Point
- 先將鮭魚表面煎至上色，再蓋上鍋蓋燜煎，魚肉才會柔軟膨鬆。
- 最後要將醬汁煮至收乾時，盡量不要用力碰到魚肉，以免魚肉破掉。

08/27

兩種風味漬山藥

10分鐘

蔬菜
冷藏 2~3天

材料（容易製作的分量）

山藥⋯400克

A
大蒜⋯2瓣
味醂⋯1½大匙
醋⋯1小匙
醬油⋯2大匙
芝麻油⋯2小匙
紅辣椒（切圓片）⋯1根分量
砂糖⋯2小匙

B
水⋯2大匙
山葵⋯½大匙
白高湯⋯3大匙

事前準備

山藥≫縱切對半。
大蒜≫切薄片。
味醂≫以微波爐600W加熱30秒。

做法

① 將材料A、B分別混拌均勻。
② 將山藥分成2份，放入2個密封保鮮袋中，再分別倒入材料A、材料B輕輕搓揉，然後移到冰箱冷藏，使其醃漬入味。

Point
- 山葵的分量，可依個人喜好的辣度調整用量。
- 可以選用較粗大的山藥，口感較佳。

08/28

奶油柚子醋醬油炒雞柳蕈菇

肉

冷藏 2~3 天

OK

材料（2人份）

雞柳…3條
酒…1大匙
鹽、胡椒…適量
鴻喜菇…100克
杏鮑菇…100克
柚子醋醬油…2½大匙
無鹽奶油…15克

事前準備

雞柳》去掉筋膜，斜切片狀，撒上酒、鹽和胡椒，稍微抓拌。
鴻喜菇》切掉根部，剝散。
杏鮑菇》切掉根部，剝散，先縱切對半，再斜切成0.7公分厚的片狀。

做法

① 平底鍋加熱，放入奶油融化，續入雞柳炒至顏色變了，再加入鴻喜菇、杏鮑菇迅速拌炒。
② 加入柚子醋醬油，以大火迅速拌炒均勻，最後加入鹽、胡椒調味即成。

Point

■ 除了雞柳，也可以改用鮭魚或鱈魚等白肉魚來烹調這道料理。

08/29

芝麻美乃滋風味牛蒡

蔬菜

冷藏 2~3 天

OK

材料（2人份）

牛蒡…1根（250克）
胡蘿蔔…½根（80克）
芝麻油…2小匙
鹽、胡椒…少許
味醂…2大匙
A
芝麻粉…2大匙
麵味露（3倍濃縮）…2小匙
日式美乃滋…60克

事前準備

牛蒡》切細條。
胡蘿蔔》切細條。

做法

① 芝麻油倒入平底鍋中熱油，放入牛蒡、胡蘿蔔迅速拌炒，待食材都沾附了油，蓋上鍋蓋，燜煎約10分鐘。
② 待食材都軟了，掀開鍋蓋，加入鹽、胡椒和味醂，拌炒至水分收乾，離火。
③ 放涼，加入材料A混拌均勻即成。

08/30

海苔鹽味雞肉

20分鐘

材料（2人份）

雞胸肉…2片
太白粉…適量
沙拉油…適量
A
酒…2大匙
鹽…½小匙
薑泥…2小匙
青海苔粉…2小匙

肉
冷藏 3~4 天
OK

事前準備

雞肉≫斜切成一口大小。

做法

① 將雞肉、材料A倒入盆中輕輕混拌，放置約10分鐘，再撒入太白粉稍微抓拌。

② 沙拉油倒入平底鍋中，約0.5公分高，加熱至180℃，放入做法①油炸約3分鐘，撈出瀝乾油分。

③ 放涼後，倒入食物保鮮袋中，撒入青海苔粉混拌均勻即成。

Point

■ 綠色的粉加熱後，會喪失顏色和香氣，所以等食材油炸之後再加入，加入的分量則依個人的喜好調整。

@maichiku3

08/31

脆脆拌豬肉蓮藕

10分鐘

材料（2人份）

豬五花薄片…150克
鹽、胡椒…少許
蓮藕…130克
酒…1大匙
A
醃梅子…2個
味醂…2大匙
白高湯…½大匙
芝麻油…1小匙

肉
冷藏 2~3 天
OK

事前準備

豬肉≫撒上鹽、胡椒。
蓮藕≫切薄片，立刻放入水中浸泡5分鐘。
醃梅子≫取出籽，梅肉以菜刀敲細碎。

做法

① 先將蓮藕平鋪排入耐熱容器中，再排上豬肉，撒入酒，鬆鬆地包上保鮮膜，以微波爐600W加熱3分鐘，取出放在濾網上瀝乾水分。

② 將材料A倒入耐熱盆中混拌均勻，鬆鬆地包上保鮮膜，以微波爐600W加熱1分鐘。

③ 將做法①、②倒入另一個容器中翻拌均勻，可依個人喜好，加入撕成小片的大葉一起享用。

Point

■ 為了防止蓮藕氧化變黑，切好後必須立刻放入冷水中浸泡。
■ 材料A醬汁因醃梅子的鹹度略有差異，可視食材的狀況，加入白高湯調整。

Column
小專欄8

輕鬆製作常備菜！
烹調小技巧 HACK!
Part 3

雖然只是一些小撇步，但這裡要介紹一些能更輕鬆、有效率製作常備菜的烹調小技巧！

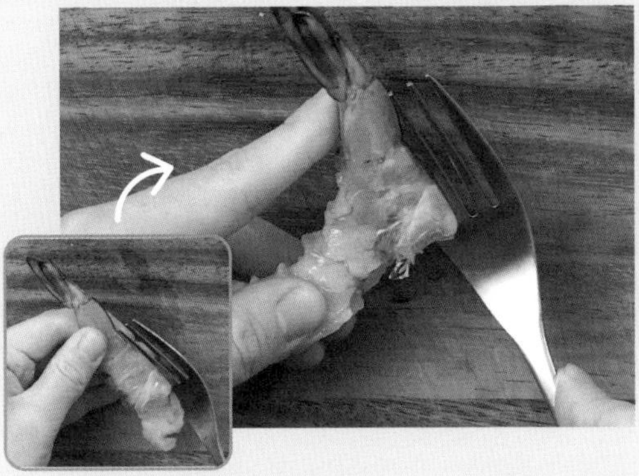

蝦子
用叉子插入去頭蝦子的背部，然後直接拉出，就能一次去掉蝦殼和蝦腸。

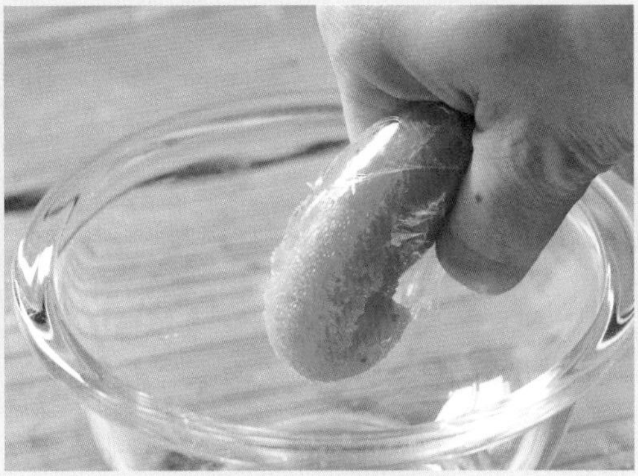

明太子、鱈魚子
以保鮮膜包住，用剪刀將其中一端口剪掉，從另一端將魚卵擠出，就能輕鬆取出魚卵了。

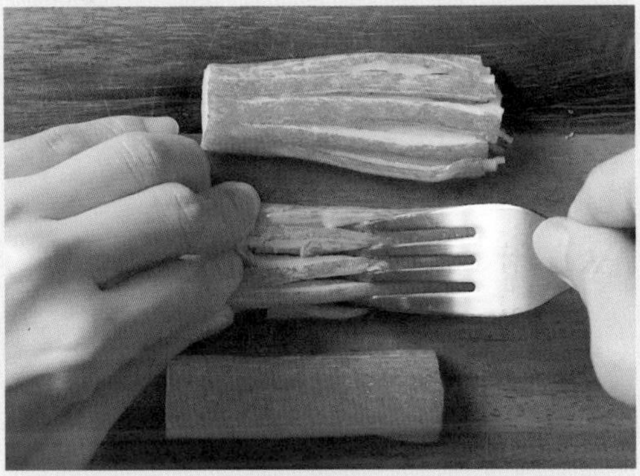

蟹味棒 ①
使用叉子，迅速劃開成細條。

蟹味棒 ②
將料理筷放在蟹味棒上滾動，迅速劃開成細條。

利用一些小撇步，製作常備菜更輕鬆！

09/01

橄欖油香蒜蘿蔔絲乾蕈菇

材料（2人份）

蘿蔔絲乾…15克
金針菇…50克
鴻喜菇…50克
舞菇…50克
蒜泥…½小匙
紅辣椒（切圓片）…少許
橄欖油…2大匙
鹽…少許

蕈菇
冷藏 2~3天
OK

事前準備

蘿蔔絲乾≫放入水中浸泡使其膨脹，瀝乾水分。

金針菇、鴻喜菇、舞菇≫切掉根部，再切成小段。

做法

① 橄欖油倒入平底鍋中熱油，放入大蒜、紅辣椒以小火拌炒，直到炒出香氣。

② 加入蘿蔔絲乾、金針菇、鴻喜菇和舞菇，大約拌炒5分鐘。

③ 最後加入鹽調味即成。

Point

■ 蘿蔔絲乾按照包裝袋上的時間浸泡，使其膨脹後再烹調。

■ 蕈菇類食材可依自己的喜好搭配，變化菜色。

@mogmog.ymanma

09/02

蟹味棒豆腐煎餅

材料（2人份）

板豆腐…200克
蟹味棒…3根
蔥花…8克
太白粉…3大匙
鰹魚風味調味料…½小匙
醬油…½小匙
芝麻油…2小匙

其他
冷藏 2~3天
OK

事前準備

豆腐≫用廚房紙巾包住，放入耐熱盤中，以微波爐500W加熱3分鐘，吸乾水分。

蟹味棒≫剝散，長度切成3等分。

做法

① 將板豆腐、蟹味棒、蔥花、太白粉、鰹魚風味調味料和醬油倒入盆中，充分混拌均勻。

② 芝麻油倒入平底鍋中熱油，用湯匙舀適量做法①，再放入平底鍋中，以湯匙壓平成餅狀，煎至兩面都上色且熟透即成。

Point

■ 除了板豆腐，也可以改成嫩豆腐製作喔！

09/03

大蒜醬油風味冷凍炸雞

OK

冷凍 2 週

肉

材料（2人份）

雞腿肉…2片（500克）
鹽、胡椒…少許
太白粉…適量

A
酒…1大匙
醬油…1大匙
薑泥…1小匙
蒜泥…1小匙

沙拉油…適量

事前準備

雞肉 ≫ 切掉多餘的皮和脂肪，切成一口大小，撒入鹽、胡椒。

做法

① 將雞肉、材料A倒入盆中抓拌，把保鮮膜當成鍋內蓋緊貼著食材，醃漬約15分鐘。
② 將做法①均勻沾裹太白粉，再整型成圓球狀。
③ 沙拉油倒入平底鍋中，加熱至170℃，放入做法②油炸，炸至微焦且呈褐色，撈起瀝乾油分。
④ 待放涼後，每3個分成一組，用保鮮膜包好，再放入食物保鮮袋中，密封袋口，放入冰箱冷凍保存。

食用時

從冰箱取出2包，以微波爐600W加熱約2分鐘，或是排在鋪好鋁箔紙的烤盤上，放入小烤箱中烘烤5分鐘即成。

Point

- 把炸好的炸雞分成小包裝，製作便當菜時只要拿出適量加熱，即可放入便當盒中，非常方便。
- 解凍時間依自家的微波爐而有差異，操作時要多加留意。

09/04

芝麻味噌拌胡蘿蔔

蔬菜

冷藏 2~3 天

OK

材料（2人份）

胡蘿蔔…1根

A
- 砂糖…1撮
- 醬油…1小匙
- 味噌…2小匙
- 日式美乃滋…2小匙
- 芝麻油…1小匙

炒熟白芝麻…2大匙

事前準備

胡蘿蔔≫切0.2公分厚的寬粗條。

做法

① 將胡蘿蔔放入耐熱容器中，鬆鬆地包上保鮮膜，以微波爐600W加熱1分鐘，用廚房紙巾壓著，吸乾水分。

② 將材料A倒入盆中混拌均勻，然後把做法①加進來充分拌勻即成。

Point

■ 如果將胡蘿蔔切厚一點，食用時便能感受到獨特的咀嚼感。

■ 以微波爐加熱胡蘿蔔時要留意，加熱到適當的軟度，才能保持口感。

@aya_aya1128

09/05

萬能豆皮

飯

冷藏 2~3 天

OK

材料（容易製作的分量）

炸豆皮…6片

A
- 味醂…4大匙
- 二砂…3½大匙
- 醬油…100毫升
- 鰹魚風味調味料…1½小匙
- 水…600毫升

做法

① 將炸豆皮排在砧板上（上短側長擺放），料理筷放在炸豆皮上，前後滾動料理筷數次。

② 將炸豆皮轉90度，打橫放（上長側短擺放），從中間縱切對半，放在濾網上，淋入滾水去掉油分。取廚房紙巾輕輕壓著炸豆皮，吸乾水分。

③ 將做法②、材料A放入鍋中，煮滾。

④ 放入鍋內蓋壓在食材上，以小火煮約25分鐘即成。

Point

■ 如果是冷凍保存，可先輕輕擠乾炸豆皮的水分，用保鮮膜包好再放入冰箱。

食用時

以微波爐加熱解凍。放入烏龍麵中，就成了一碗豆皮烏龍麵；把拌飯填入豆皮中，美味的稻荷壽司就完成囉！盡情享用好吃的豆皮料理吧！

@cafe_mako

09/06

大蔥香菇味噌肉

肉
冷藏 2~3 天
OK

材料（2人份）

豬絞肉…200克
香菇…2朵
大蔥…1根
薑…1片
A
酒…1大匙
砂糖…1½大匙
味醂…1大匙
醬油…1大匙
調合味噌…2大匙
沙拉油…1大匙

事前準備

香菇»切掉菇柄，蕈傘切碎。
大蔥、薑»切碎。

做法

① 沙拉油倒入平底鍋中熱油，放入薑以小火拌炒，待炒出香氣，放入絞肉，拌炒至絞肉顏色變白。
② 加入香菇、大蔥拌炒均勻，最後加入材料A煮至收汁即成。

Point
■ 可以將這道料理放在豆腐上，或是搭配滿滿的白飯一起享用。
■ 如果愛吃辣，可以加入大約1小匙豆瓣醬，絕對讓你一吃上癮。

09/07

柑橘醬煮雞小棒腿

肉
冷藏 2~3 天
OK

材料（2人份）

雞小棒腿…10根
大蒜…1瓣
水…100毫升
柑橘醬…100克
醬油…3大匙
沙拉油…2小匙

事前準備

大蒜»切薄片。

做法

① 沙拉油倒入平底鍋中熱油，放入雞小棒腿油煎。
② 待煎至上色，擦掉多餘的油分，加入大蒜、水、柑橘醬和醬油加熱，煮滾後，放入鍋內蓋壓在食材上，以中小火燉煮約20分鐘。
③ 取下鍋內蓋，以中火把醬汁煮至收乾，雞小棒腿表面沾附醬汁即成。

Point
■ 這裡使用雞小棒腿製作，但你也可以改成雞翅尖、雞腿肉烹調。

09/08

超辣Q彈蝦仁

20分鐘

OK 冷藏2~3天 魚

材料（3人份）

蝦仁…350克
大蔥…½根
蒜泥…1瓣分量
薑泥…1片分量
豆瓣醬…1½小匙
沙拉油…8大匙
芝麻油…少許

A
酒…2小匙
鹽、胡椒…少許
太白粉…2大匙

B
酒…1大匙
砂糖…1½大匙
鹽…1撮
醬油…2小匙
蕃茄醬…4大匙
雞高湯粉…1小匙
太白粉…2小匙
水…100毫升

事前準備

蝦仁»挑出背部的蝦腸，洗淨。
大蔥»切碎。
材料B»混拌均勻。

做法

1. 將蝦仁、材料A放入盆中，抓拌均勻。
2. 將6大匙沙拉油倒入平底鍋中熱油，放入做法①煎炸，取出備用。
3. 平底鍋鍋面擦乾淨，倒入2大匙沙拉油、豆瓣醬以小火加熱，續入大蒜、薑，以小火拌炒至散發出香氣。
4. 加入大蔥拌炒，再加入材料B加熱，煮滾且醬汁濃稠後，把做法②的蝦仁放進來，煮至醬汁收乾，接著加入芝麻油。可依個人喜好，搭配炒蛋、紅辣椒絲或蔥花的（蔥綠）裝飾。

Point

■將炒蛋和這道蝦仁一起放入便當盒中，明亮的配色令人食慾大增。不過要注意，炒蛋一定要完全炒熟才行。

@en.ym1021

09/09

雞柳起司肉餅

⏱20分鐘

材料（2人份）

雞柳…5條
大葉（紫蘇葉）…4片
加工起司…4個
A
- 鹽、胡椒…少許
- 酒…1大匙
- 日式美乃滋…1大匙
- 太白粉…1大匙

水…1大匙
沙拉油…1大匙

肉
冷藏 2~3天
OK

事前準備

雞柳≫去掉筋膜，切細條。
大葉≫切細絲。
加工起司≫切1公分小丁。

做法

① 將雞柳、大葉、加工起司和材料A放入盆中，混拌均勻成肉餡。用湯匙舀八分之一量的肉餡，分別整型成一個個圓餅狀。
② 沙拉油倒入平底鍋中熱油，排入做法①，煎至兩面都上色。
③ 倒入水，放入鍋內蓋壓在食材上，以中火燜煎約5分鐘至熟即成。

Point
■除了大葉，可以換成剁碎的醃梅子肉，或是碎海苔製作，品嘗不同的風味。

09/10

超辣味炒鵪鶉蛋蒟蒻

⏱15分鐘

材料（2人份）

水煮鵪鶉蛋…12個
蒟蒻…1片（200克）
大蔥…1根
A
- 酒…1大匙
- 味醂…1大匙
- 砂糖…1大匙
- 醬油…1½大匙
- 韓國辣椒醬…1大匙
- 蒜泥…½小匙

芝麻油…1大匙

其他
冷藏 2~3天
OK

事前準備

鵪鶉蛋≫瀝乾水分。
蒟蒻≫撕成一口大小。
大蔥≫切3公分長。
材料A≫混拌均勻。

做法

① 將蒟蒻放入耐熱容器中，倒入可以蓋過蒟蒻的水量，以微波爐600W加熱2分30秒，以濾網瀝乾水分。
② 芝麻油倒入平底鍋中熱油，放入鵪鶉蛋、大蔥拌炒，待全部食材炒至微焦且上色，加入做法①的蒟蒻，繼續拌炒。
③ 畫圈淋入材料A，炒至水分收乾。可依個人喜好，加入蔥花（蔥綠）、一味辣椒粉裝飾。

Point
■記得一定要確實炒至水分收乾，調味料才能滲入食材，更易入味，提升美味度。

09/11

梅子紫蘇雞柳肉捲

肉
冷藏 2~3天
OK

材料（2人份）

雞柳…3條
鹽、胡椒…少許
醃梅子…3個
大葉（紫蘇葉）…6片
芝麻油…適量

事前準備

醃梅子≫取出籽，梅肉以菜刀剁碎。
雞柳≫去除筋膜，厚度片成一半。

做法

① 將雞柳包上保鮮膜，用擀麵棍輕敲幾下，使其變成寬大一點的薄片，撒上鹽、胡椒。
② 在做法①上塗抹梅子肉，再鋪上1片大葉後捲起，用手稍微壓緊實。以相同的方法捲好全部肉捲。
③ 將做法②接縫處朝下，排在鋪好鋁箔紙的烤盤上。
④ 在肉捲表面塗抹些許芝麻油，放入小烤箱中，以200℃烘烤8~10分鐘至熟即成。

Point
■ 雞柳經過擀麵棍輕敲後會變寬大，所以很容易烹調熟。

09/12

醃漬蔥味噌起司

其他
冷藏 2~3天

材料（2人份）

奶油起司…90克
大蔥…30克
A
蒜泥…½小匙
味醂…1大匙
砂糖…2小匙
調合味噌…2½大匙

事前準備

奶油起司≫切1公分大丁。
洋蔥≫切碎。
味醂≫以微波爐600W加熱30秒。

做法

① 將大蔥、材料A混拌均勻。
② 將保鮮膜平鋪在桌上，取一半量的做法①放在保鮮膜上抹平，然後將一塊塊起司排在其上，再將剩下的做法①淋在起司上抹平，保鮮膜四邊往內折入包好。
③ 將做法②放入密封保鮮袋中，袋口密封好，放入冰箱冷藏一晚，使其醃漬入味即成。

Point
■ 也可以加入少許豆瓣醬增添風味。
■ 除了奶油起司，也可以換成自己喜歡的其他起司製作。

09/13

香辣煮小芋頭鵪鶉蛋

材料(2人份)

小芋頭…5個(300克)
水煮鵪鶉蛋…12個
柴魚昆布高湯…100毫升
A 酒…2大匙
A 味醂…1大匙
A 砂糖…2大匙
A 醬油…2大匙
紅辣椒(切圓片)…少許
芝麻油…1大匙

事前準備

小芋頭≫用水洗淨表面塵土，連皮一起放入耐熱容器中，鬆鬆地包上保鮮膜，以微波爐600W加熱3分鐘。待稍微冷卻後剝掉外皮，較大顆的切對半。

做法

1. 將芝麻油、紅辣椒倒入平底鍋中加熱，放入小芋頭輕輕拌炒。
2. 待食材都沾附了油，加入鵪鶉蛋、柴魚昆布高湯和材料A煮滾，放入鍋內蓋壓在食材上，以小火燉煮約10分鐘。
3. 打開鍋內蓋，轉成大火，一邊搖晃平底鍋，一邊把醬汁煮至收乾即成。

Point

■小芋頭經過微波爐加熱，就能輕鬆剝掉外皮。
■如果不喜歡小芋頭的黏液，可在剝掉外皮後，以鹽摩擦、搓一搓，再用清水洗淨即可。

蔬菜 冷藏 2~3天 OK

25分鐘

09/14

奶油柚子醋醬油炒茄子雞肉

材料(2人份)

雞腿肉…300克
鹽、胡椒…少許
茄子…2根
鴻喜菇…70克
無鹽奶油…15克
柚子醋醬油…2大匙

事前準備

雞肉≫切成稍大的一口大小，撒上鹽、胡椒。
茄子≫每根縱切成6等分，再橫切對半。
鴻喜菇≫切掉根部，剝散。

做法

1. 將奶油放入平底鍋中加熱，加入雞肉拌炒，待雞肉炒至上色，續入茄子，再加入鴻喜菇拌炒。
2. 待全部食材都炒熟了，畫圈淋入柚子醋醬油，迅速混拌均勻。可依個人喜好，撒些許蔥花(蔥綠)食用。

Point

■製作這道料理時，食材如果拌炒太久，顏色會不好看，所以盡可能迅速拌炒即可。
■食材中的肉，也可以改成豬肉製作。

肉 冷藏 2~3天 OK

25分鐘

09/15

蕈菇辣油

蕈菇｜冷藏 2~3天｜OK

材料（容易製作的分量）

去菇柄香菇……4片
杏鮑菇……½包
金針菇……½包
蒜泥……2瓣分量
薑泥……2片分量
芝麻油……60毫升
沙拉油……50毫升
A
砂糖……1大匙
鹽……1撮
醬油……2½大匙
一味辣椒粉……½大匙
炒熟白芝麻……1大匙
韓國辣椒醬……1小匙

事前準備

香菇≫蕈傘切0.5公分厚的薄片。
杏鮑菇≫先切2等分，再切薄片。
金針菇≫切掉根部，再切成3等分，用手剝散。

做法

① 芝麻油、沙拉油倒入平底鍋中熱油，放入大蒜、薑，以小火加熱，待散發出香氣後加入蕈菇類食材，煮約5分鐘至食材變軟。
② 關火，加入材料A混拌均勻即成。

Point
■ 如果油的溫度過高，請將平底鍋放在濕布巾上面降溫。
■ 可依個人喜好，最後加入切碎的堅果，還能品嘗到不同的口感。

09/16

蔥鹽味脆脆蓮藕雞肉丸

肉｜冷藏 4~5天｜OK

材料（2人份）

雞絞肉……300克
大蔥……1根
蓮藕……100克
A
酒……1大匙
鹽、胡椒……1撮
雞高湯粉……2小匙
太白粉……1大匙
芝麻油……½大匙
炒熟白芝麻……20克
沙拉油……½大匙

事前準備

大蔥、蓮藕≫切碎。

做法

① 將絞肉、大蔥、蓮藕和材料A放入盆中混合攪拌至產生黏性。
② 將做法①分成8等分，整型成丸子形，其中一面撒上白芝麻。
③ 沙拉油倒入平底鍋中熱油，放入做法②煎，煎至一面上色後翻面，蓋上鍋蓋，以小火燜煎約5分鐘至熟即成。

Point
■ 加熱的時間會依雞肉丸的大小有所差異，所以要調整煎的時間。
■ 如果喜歡香辣風味，可以加入多一點胡椒烹調。

09/17

超入味甜辣牛蒡拌飯料

30分鐘

OK

冷藏 2~3 天

飯

材料（食用4次的分量）

薄牛肉片…200克
牛蒡…150克
薑…1片
—— A ——
味醂…1大匙
酒…1大匙
砂糖…3大匙
醬油…4大匙
沙拉油…1大匙

事前準備

牛蒡≫一半長度泡入一盆水中，將鋁箔紙揉成團，摩擦整支牛蒡去皮，然後縱切對半，斜切成薄片，再放入醋水（材料量之外）中浸泡。

薑≫切絲。

做法

① 沙拉油倒入平底鍋中熱油，放入薑拌炒，待炒出香氣，放入牛肉、牛蒡炒熟。

② 依序加入材料A中的味醂、酒、砂糖和醬油，煮至醬汁變少，離火，放涼。

③ 分成2等分，分別放入密封保鮮袋中，將袋中的空氣確實擠出，再次封緊袋口，放入冰箱冷凍保存。

食用時

取1袋放入冰箱冷藏半解凍，然後放入耐熱容器中，鬆鬆地包上保鮮膜，以微波爐600W加熱2分鐘。可以和溫熱的米飯混拌，撒上白芝麻食用（1袋約可搭配250克米飯享用）。

09/18

醬汁浸泡煎洋蔥

蔬菜
冷藏 2~3 天
OK

材料（2人份）

洋蔥…2個
橄欖油…2大匙
鰹魚風味調味料…1½小匙
水…150毫升
酒…1大匙

A
味醂…1½大匙
醬油…1½大匙
薑泥…1小匙
紅辣椒（切圓片）…1根分量

事前準備

洋蔥≫切1公分厚的圓片。

做法

① 橄欖油倒入平底鍋中熱油，放入洋蔥油煎兩面，待煎至兩面都上色時先取出（可能無法一次煎完所有洋蔥，可以分數次煎好）。
② 將材料A倒入鍋中煮滾。
③ 將做法①放入保存容器中，倒入做法②即成。

Point
■ 煎洋蔥時，很容易散掉，建議不要頻繁翻面，煎好的洋蔥才會漂亮。
■ 趁洋蔥還熱著時浸泡醬汁，洋蔥會更入味。

09/19

奶油煎馬鈴薯

蔬菜
冷藏 2~3 天
OK

材料（2人份）

馬鈴薯…2個
培根…4片
含鹽奶油…20克
鹽、胡椒…少許

事前準備

馬鈴薯≫切成一口大小，放入冷水中浸泡5分鐘。
培根≫切1公分寬。

做法

① 將馬鈴薯放入鍋中，倒入可以蓋過馬鈴薯的水量後加熱，煮滾後改成小火，繼續煮7~8分鐘。煮到可以用竹籤穿刺而過的軟度，用濾網撈起，瀝乾水分。
② 將奶油放入平底鍋中加熱，待奶油融化後加入培根拌炒，炒至培根上色，加入材料①繼續拌炒。
③ 加入鹽、胡椒調味，再依個人喜好撒入巴西里碎即成。

Point
■ 馬鈴薯先水煮過再炒，可維持鬆軟的口感。
■ 將馬鈴薯切成一口大小後水煮，可縮短烹煮的時間。

09/20

蜂蜜檸檬煮南瓜

蔬菜

冷藏 2~3天

OK

材料（2人份）

南瓜…100克

A
- 日本產檸檬…½個
- 蜂蜜…1大匙
- 檸檬汁…2小匙

水…200毫升

事前準備

南瓜≫切3公分厚一口大小的塊狀。

檸檬≫切0.5公分厚的圓片。

做法

① 將南瓜、材料A、水倒入鍋中。

② 放入鍋內蓋壓在食材上，以小火燉煮約15分鐘即成。

Point

■ 火力太大的話，南瓜會煮散掉，請用小火慢慢燉煮。

■ 檸檬表皮可能會殘留防霉劑、農藥，必須去除外皮後再使用。

09/21

萬能味噌丸

其他

冷凍 2週

OK

材料（10個）

調合味噌…130克

紅味噌…20克

乾燥海帶芽…5克

鰹魚風味調味料…1大匙

柴魚片…1小匙

〈湯汁配料〉

櫻花蝦…3克

蘿蔔絲乾…3克

昆布絲…3克

花麩…3克

炒熟白芝麻…3克

做法

① 將調合味噌、紅味噌、乾燥海帶芽、鰹魚風味調味料和柴魚片混拌均勻。

② 將保鮮膜平鋪在桌上，取一半量的櫻花蝦、十分之一量的做法①放在保鮮膜上，捏起整型成圓球狀。以相同的方法，將一半量的蘿蔔絲乾、昆布絲、花麩和白芝麻分別搭配十分之一量的做法①，捏起整型成圓球狀。五種口味一共做10個，放入冰箱冷凍保存。

Point

■ 除了使用柴魚片，也可以撕開柴魚高湯包，使用裡面的粉料製作。

食用時

每一個味噌丸加入180毫升的滾水拌勻即可。

09/22

一口拿坡里蕃茄義大利麵

材料（6個）

沙拉用義大利麵…100克
洋蔥…¼個
青椒…1個
香腸…3根
沙拉油…1大匙
法式清湯粉…1小匙
水…200毫升
A
- 蕃茄醬…3大匙
- 鹽…少許
- 黑胡椒…少許

起司粉…少許
巴西里碎…少許

事前準備

洋蔥≫切薄片。
青椒≫切條。
香腸≫切0.5公分厚的圓片。

麵
冷凍 2週
OK

做法

① 沙拉油倒入平底鍋中熱油，放入洋蔥、青椒和香腸拌炒，炒至食材變軟後加入義大利麵、法式清湯粉和水，蓋上鍋蓋後加熱。不時打開鍋蓋攪拌食材，按照包裝袋上的時間煮熟義大利麵。

② 加入材料A，和鍋中食材混拌均勻，離火，放涼。

③ 將做法②裝入料理小杯中，撒上起司粉、巴西里碎裝飾，放冰箱冷凍保存。

食用時

製作便當時，先以微波爐加熱，充分冷卻後再裝入便當盒中。

09/23

佃煮香菇

材料（容易製作的分量）

香菇…200克
薑…2片
A
- 水…100毫升
- 酒…3大匙
- 味醂…2大匙
- 砂糖…2大匙
- 醬油…2大匙

醋…1小匙

事前準備

香菇≫切掉菇柄。
薑≫切絲。

蕈菇
冷藏 2~3天
OK

做法

① 將香菇、薑和材料A倒入鍋中煮，煮滾後放入鍋內蓋壓在食材上，以小火煮約20分鐘。

② 煮至水分收乾，最後加入醋即成。

Point

■ 這次使用小朵香菇製作，如果選用大朵香菇的話，要切成薄片再操作。
■ 最後加入醋可使食材更易入味。可依個人喜好，撒上山椒食用。

09/24

迷你南瓜可樂餅

OK 冷凍2週 蔬菜

20分鐘

材料（6個）

南瓜：200克
豬絞肉：50克
洋蔥：1/8個
四季豆：1根

A
鹽：少許
胡椒：少許
咖哩粉：1 1/2小匙
法式清湯粉：1小匙

太白粉水：4大匙
（水：2大匙 太白粉：2大匙）
麵包粉：適量
含鹽奶油：10克

事前準備

南瓜》放入耐熱容器中，鬆鬆地包上保鮮膜，以微波爐600W加熱3分30秒。

洋蔥》切碎。

四季豆》包上保鮮膜，以微波爐600W加熱30秒，再切成6等分。

做法

① 將南瓜放入盆中，趁還溫熱時弄碎。

② 奶油倒入平底鍋中加熱，放入絞肉拌炒，炒至絞肉顏色變白，加入洋蔥繼續拌炒。

③ 待洋蔥變軟，加入材料A拌炒，整個倒入做法①盆中充分拌勻。

④ 將做法③分成6等分，整型成圓球狀，先沾太白粉水，再沾裹麵包粉。

⑤ 烤盤上鋪好鋁箔紙，排上做法④，放入小烤箱中，以250℃烘烤約5分鐘。取出，用料理筷在圓球頂部壓一個凹陷，放涼。

⑥ 在凹陷處插入四季豆，放入料理杯中，蓋上蓋子，移入冰箱冷凍保存。

Point

可以將做法③放在保鮮膜中整型，用力扭轉成圓球狀，能輕鬆維持整顆的形狀，不易散開。

食用時

欲食用的半天前，拿到冰箱冷藏解凍，以微波爐600W加熱30秒～1分鐘即可。

15分鐘

09/25

梅子柴魚片拌綠花椰

蔬菜

冷凍 2週

OK

材料（6個）

綠花椰菜…½朵
麵味露（3倍濃縮）…½大匙
醃梅子肉…1個分量
柴魚片…4克

事前準備

綠花椰菜≫分成一小朵一小朵。

做法

① 鍋中倒入大量水煮滾，加入鹽（材料量之外），續入綠花椰菜煮約1分30秒，撈出瀝乾水分，再用廚房紙巾仔細擦乾。

② 將做法①、麵味露和梅肉放入盆中混拌均勻，再加入柴魚片。

③ 將做法②裝入料理小杯中，移入保存容器，確實蓋緊蓋子，放入冰箱冷凍保存。

食用時

欲食用的半天前，拿到冰箱冷藏解凍，以微波爐600W加熱30秒即可。

15分鐘

09/26

甜辣醬汁漬白蘿蔔

蔬菜

冷藏 2~3天

OK

材料（2人份）

白蘿蔔…⅓根
A
酒…50毫升
砂糖…60克
醋…2大匙
醬油…120毫升
蒜泥…1小匙
紅辣椒（切圓片）…1根分量
芝麻油…1大匙

事前準備

白蘿蔔≫切1公分厚粗條。

做法

① 將白蘿蔔放入盆中，撒入少許鹽（材料量之外）稍微抓拌，放置約5分鐘，用廚房紙巾將滲出的澀水吸乾，放入保存瓶中。

② 將材料A倒入小鍋中，煮滾，然後放涼。

③ 將做法②倒入做法①中，蓋上瓶蓋，放入冰箱冷藏保存半天～1天，使其醃漬入味。

Point

■白蘿蔔撒入鹽揉搓後會出水，務必要擦乾水分，才能充分醃漬入味。

■這道醃漬白蘿蔔，會隨著醃漬時間，口感從爽脆到柔軟，可依自己喜歡的口感，決定醃漬的時間。

09/27

蕈菇奶油醬

冷藏 4~5 天

food 其他

材料（容易製作的分量）

鴻喜菇…1包
香菇…3朵
舞菇…½包
大蒜…2瓣
無鹽奶油…40克
橄欖油…2大匙
白酒…1大匙
鹽…½小匙

事前準備

鴻喜菇、香菇、舞菇≫切掉根部，切1公分長。
大蒜≫切碎。
奶油≫回溫成室溫。

做法

① 將橄欖油、大蒜放入平底鍋中，以小火加熱，待散發出香氣，放入蕈菇類食材、鹽，拌炒至食材都變軟。
② 加入白酒，煮至水分收乾，放涼後倒入食物調理機中，加入奶油，攪打至細緻綿密狀即成。

Point

■因爲奶油已經回溫成室溫，所以攪打後會變成奶油狀。

09/28

照燒漢堡排

15分鐘

OK（微波）｜冷藏 2~3 天｜肉

材料（8個）

豬牛混合絞肉…400克
洋蔥…1個
蛋…1個

A
麵包粉…20克
牛奶…3大匙
薑泥…1小匙
鹽、胡椒…少許

B
酒…2大匙
味醂…2大匙
砂糖…2大匙
醬油…2大匙
太白粉…1小匙

沙拉油…1大匙

事前準備

洋蔥 » 切碎，放入耐熱容器中，以微波爐600W加熱2分鐘，放涼。
麵包粉 » 加入牛奶中浸泡。
材料A » 混拌均勻。

做法

① 將絞肉、洋蔥、蛋和材料A放入盆中混合攪拌，攪拌至產生黏性。分成8等分，整型成橢圓形狀，用手指在中心按一個凹陷。
② 沙拉油倒入平底鍋中熱油，排入做法①，以大火煎至兩面都上色，蓋上鍋蓋，以小火燜煎約5分鐘。
③ 用廚房紙巾擦掉多餘的油分，倒入材料B，煮至水分收乾，食材表面沾附醬汁即成。

09/29

西式醃紫高麗

材料（2人份）

紫高麗菜…250克
鹽…1撮
A
鹽…⅓小匙
醋…2大匙
蜂蜜…1大匙
橄欖油…3大匙

蔬菜
冷藏 1~2 天
OK

事前準備

紫高麗菜 » 切絲。

做法

① 將紫高麗菜放入盆中，撒入鹽稍微抓拌，放置約5分鐘使其出水，然後擠乾水分。
② 將材料A混拌均勻，倒入做法①中迅速拌勻即成。

Point
- 可依個人喜好，加入起司、堅果類食材享用。
- 也可以用砂糖取代蜂蜜，料理同樣好吃。

09/30

無限美味鹽昆布南瓜

材料（2人份）

南瓜…⅙個（350克）
芝麻油…2大匙
鮪魚罐頭…1罐（70克）
鹽昆布…20克

蔬菜
冷藏 2~3 天
OK

事前準備

南瓜 » 切薄塊，再切2公分寬。
鮪魚罐頭 » 瀝掉油分。

做法

① 將南瓜、芝麻油倒入耐熱容器中，稍微拌一下，再鬆鬆地包上保鮮膜，以微波爐600W加熱5分鐘。
② 將鮪魚、鹽昆布加入做法①中，可依自己喜好，加入白芝麻即成。

Point
- 南瓜過度加熱會破碎，所以要一邊觀察南瓜，一邊調整加熱時間。
- 可依個人喜好加入日式美乃滋，料理風味更濃郁。此外，當成三明治的餡料也很適合。

Column
小專欄 9

用剩餘食材製作！
超推薦的冷凍綜合蔬菜

買太多卻用不完的蔬菜，還有做好常備菜剩下的蕈菇類食材等，真令人煩惱。別擔心，只要切好放入冷凍，之後就能派上用場。現在就來製作冷凍蔬菜吧！以 2 ～ 3 週用完為目標！

綜合蕈菇

材料

鴻喜菇、舞菇、香菇、金針菇、杏鮑菇等，可以依自己的喜好搭配。

做法

切掉根部，剝散，放入密封保鮮袋中，移入冰箱冷凍保存。

建議用法

蕈菇類一下就煮熟了，所以也可以直接以冷凍狀態烹調。

- 味噌湯、湯料
- 炒類料理
- 菇菇義大利麵的食材
- 鋁箔紙蒸魚

綜合根菜

材料

胡蘿蔔、白蘿蔔、蓮藕、牛蒡等，可自由組合喜愛的根菜食材。

做法

胡蘿蔔、白蘿蔔切成四分之一圓片；蓮藕、牛蒡切薄片，一起放入密封保鮮袋中，移入冰箱冷凍保存。

建議用法

可以直接以冷凍狀態烹調。白蘿蔔冷凍一次後，變得更容易入味。

- 豬肉湯
- 日式雜燴湯
- 切成絲保存的話，炒一下就成了金平牛蒡類的料理。

佐料組合

材料

蔥花、薑、茗荷、大葉等喜歡的佐料

做法

蔥切成蔥花；薑、茗荷和大葉切成細絲。擦乾水分，分別放入塑膠容器，或是密封保鮮袋中，移入冰箱冷凍保存。冷凍過程中可以拿出來搖晃，就不會整個黏在一起了。

建議用法

- 素麵、蕎麥麵、烏龍麵的佐料
- 蔥花可以加入各種料理，增添色澤。
- 餃子或炒飯的配料

10月
11月
12月

常備菜

⏱20分鐘

圓滾滾的鵪鶉蛋肉丸

OK（微波爐）　冷藏2~3天　肉

材料（2人份）

薄切豬肉片…18片（360克）
鹽、胡椒…少許
酒…少許
水煮鵪鶉蛋…18個
太白粉…適量
沙拉油…1大匙

A
蜂蜜…2大匙
蕃茄醬2½大匙
薑泥…1小匙
酒…1大匙
醋…1大匙
醬油…1大匙
水3大匙

事前準備

豬肉≫撒上鹽、胡椒和酒。
材料A≫混拌均勻。

做法

① 取1片豬肉片鋪平，放上1個鵪鶉蛋後捲起。以相同的方法捲好全部鵪鶉蛋，撒上太白粉。
② 沙拉油倒入平底鍋中熱油，將做法①的肉捲接縫處朝下放入鍋中煎，待煎至上色，滾動整個肉捲，煎至整個肉捲都上色。蓋上鍋蓋，以小火燜煎約6分鐘，取出鵪鶉蛋肉丸備用。
③ 用廚房紙巾擦掉鍋面多餘的油分，加入材料A煮至醬汁變得濃稠。
④ 重新倒入做法②，使其均勻沾附醬汁即成。

Point

■ 除了蜂蜜，也可以改用砂糖、味醂。

食用時

以微波爐600W加熱約2分鐘，或是放入平底鍋中，以中小火燜煎約3分鐘。

10/02

照燒秋葵肉捲

肉
冷藏 2~3 天
OK

15分鐘

材料（2人份）

豬梅花薄肉片…8片（200克）
鹽、胡椒…少許
秋葵…8根
鹽…少許
麵粉…適量
沙拉油…1大匙
A
味醂…2大匙
砂糖…1大匙
醬油…1大匙
薑泥…1小匙

事前準備

豬肉》撒上鹽、胡椒。
秋葵》將些許鹽撒在秋葵上輕輕搓揉，以水洗淨。
材料A》混拌均勻。

做法

① 取1片豬肉片鋪平，把秋葵放在靠近自己這側，再從靠近自己這端往前捲起，整個均勻撒上麵粉。以相同的方法完成8個秋葵肉捲。
② 沙拉油倒入平底鍋中熱油，將做法①的肉捲接縫處朝下排入鍋中，煎至整個肉捲都上色。
③ 待肉捲煎熟了倒入材料A，以大火煮至醬汁濃郁，肉捲沾附醬汁即成。

Point
■在肉捲表面撒上麵粉，醬汁更能沾附住肉捲。

10/03

高麗菜蟹肉棒沙拉

蔬菜
冷藏 2~3 天
OK

5 分鐘

材料（2人份）

蟹肉棒…10根
高麗菜¼個（250克）
鹽…½小匙
A
日式美乃滋…2大匙
醋…1大匙
砂糖…1大匙

事前準備

蟹肉棒》剝散。
高麗菜》切絲，撒入鹽後搓揉，放置約10分鐘，等高麗菜變軟後，以手擠乾水分。

做法

① 將材料A倒入盆子中拌勻。
② 放入高麗菜絲、蟹肉棒，充分翻拌均勻即成。

Point
■鹽醃漬過的高麗菜絲如果沒有確實擠乾水分，調味料會難以入味。

食用時
可依個人喜好撒入黑胡椒。此外，將這道沙拉夾入三明治食用，也很好吃喔！

10/04

豬五花泡菜蘿蔔

肉
冷藏 2~3 天
OK

材料（2人份）

豬梅花薄片…200克
白蘿蔔…400克
泡菜…200克
燒肉醬…2大匙
芝麻油…2小匙

事前準備

豬肉 » 切4公分寬。
白蘿蔔 » 切1公分小丁。

做法

① 芝麻油倒入平底鍋中熱油，放入白蘿蔔拌炒。
② 炒至白蘿蔔表面變得透明，加入豬肉繼續拌炒。
③ 炒至豬肉顏色變白，加入泡菜、燒肉醬，拌炒至食材均勻即成。

Point
- 拌炒時，要充分炒至醬汁收乾。
- 可以用薄切豬肉片取代豬梅花薄片烹調這道菜。

食用時
撒點炒熟白芝麻，再用韓國海苔捲起來吃，好吃得讚不絕口。

10/05

梅子鹿尾菜拌飯料

飯
冷藏 4~5 天
OK

材料（容易製作的分量）

乾燥鹿尾菜（羊栖菜）…10克
日本脆梅…4個
A
味醂…1大匙
砂糖…1大匙
醬油…1½大匙
鹽…少許
炒熟白芝麻…1大匙
芝麻油…½小匙

事前準備

乾燥鹿尾菜 » 放入大量水中泡軟，撈起充分瀝乾。
日本脆梅 » 梅肉切粗碎。

做法

① 將鹿尾菜放入平底鍋中，以小火乾煎約2分鐘。
② 加入脆梅、材料A，拌炒至醬汁收乾。
③ 盛入盆中，撒上白芝麻，滴入芝麻油迅速翻拌均勻即成。

Point
- 鹿尾菜可藉由乾煎，讓水分充分蒸發。
- 也可以加入切碎的大葉（紫蘇葉）、魩仔魚乾，一樣美味！

10/06

暖呼呼菇菇酪梨沙拉

材料（2人份）

去菇柄香菇…4片
舞菇…½包（50克）
鴻喜菇…½包（50克）
酪梨…1個
大蒜…1瓣
橄欖油…1大匙
A
- 鹽、胡椒…少許
- 砂糖…½小匙
- 柚子醋醬汁…½大匙

事前準備

香菇》切0.5公分寬薄片。
舞菇、鴻喜菇》切掉根部，剝散。
酪梨》削皮，切2公分小丁。
大蒜》切薄片。

蕈菇
冷藏 2~3天

做法

① 將橄欖油、大蒜倒入平底鍋中加熱，待散發出香氣，放入香菇、舞菇和鴻喜菇迅速拌炒。
② 加入酪梨，以大火拌炒至酪梨變軟。
③ 加入材料A，迅速拌炒均勻即成。

食用時
可依個人喜好撒入黑胡椒，或是放在麵包上搭配食用，口味一級棒。

10/07

甜鹹入味煮蒟蒻菇菇

材料（2人份）

蒟蒻…1片（220克）
去菇柄香菇…6片
舞菇…1包（100克）
薑泥…1小匙
芝麻油…1大匙
A
- 酒…1大匙
- 味醂…½大匙
- 砂糖…1大匙
- 醬油…2大匙
- 柴魚昆布高湯…100毫升

事前準備

蒟蒻》在表面劃格子狀紋路，再切成一口大小。
香菇》切成2等分。
舞菇》切掉根部，剝散。

蕈菇
冷藏 2~3天
OK

做法

① 將蒟蒻放入耐熱容器中，倒入可以蓋過蒟蒻的水量，包上保鮮膜，以微波爐600W加熱約2分鐘，撈出瀝乾水分。
② 平底鍋燒熱，放入做法①，乾煎約1分鐘。
③ 倒入芝麻油、薑泥拌炒，續入香菇、舞菇拌炒均勻。
④ 加入材料A，放入鍋內蓋壓在食材上，以中小火煮約10~15分鐘，煮至醬汁收乾即成。

Point
■ 在蒟蒻表面劃上刀紋，可使蒟蒻燉煮後更入味。
■ 可依個人喜好加入豆瓣醬，品嘗辛辣風味料理。

10/08

煮味噌風味小芋頭蒟蒻

蔬菜　冷藏 2~3天　OK

材料（2人份）

日本小芋頭…150克
蒟蒻…200克

A
- 水…150毫升
- 鰹魚風味調味料…½小匙
- 酒…1大匙
- 味醂…2大匙
- 砂糖…½大匙
- 調合味噌…2大匙
- 豆瓣醬…1小匙

芝麻油…1大匙

事前準備

小芋頭》仔細洗掉外皮上的泥土。
蒟蒻》手撕成一口大小，放入滾水中汆燙，瀝乾後放涼。

做法

① 將小芋頭、水（材料量之外）放入鍋中，煮約15分鐘。
② 取出小芋頭放入冷水中浸泡，待小芋頭溫度降至可用手觸摸時剝掉外皮，切成一口大小。
③ 鍋中不放油直接燒熱，放入蒟蒻乾煎約1分鐘，加入芝麻油拌炒。
④ 加入做法②、材料A，放入鍋內蓋壓在食材上，以中小火煮約15分鐘，煮至醬汁收乾即成。

Point
■將蒟蒻撕成一口大小，有助於烹調後更入味。

食用時
加上蔥白絲裝飾，搭配食用也很可口。

10/09

炒鹹甜風味青椒油豆腐

蔬菜　冷藏 2~3天　OK

材料（2人份）

青椒…3個
油豆腐…1塊（200克）

A
- 鰹魚風味調味料…1小匙
- 砂糖…1½大匙
- 醬油…2大匙
- 炒熟白芝麻…1大匙

芝麻油…1大匙

事前準備

青椒》手撕成一口大小。

做法

① 芝麻油倒入平底鍋中熱油，將油豆腐撕成一塊塊放入鍋中，拌炒至油豆腐上色。
② 等油豆腐炒至微焦且呈金黃，續入青椒拌炒約2分鐘。
③ 最後加入材料A，炒至醬汁收乾即成。

Point
■將青椒、油豆腐撕成塊狀，才能烹調得更透、更入味。
■盡量把所有食材撕成差不多大小，才能控制食材差不多時間煮熟。

10/10

簡單版高麗菜香腸捲

30分鐘

材料（2人份）

香腸…8根
高麗菜葉…8片
鴻喜菇…50克
水…150毫升

A
切丁蕃茄罐頭…½罐（200克）
高湯顆粒…2小匙
鹽、胡椒…少許

事前準備

高麗菜》將菜葉一片一片剝開，削掉比較粗的硬梗。
鴻喜菇》切掉根部，剝散。

肉
冷藏 2~3天
OK

做法

① 將高麗菜葉放入盆中，包上保鮮膜，以微波爐600W加熱約4分鐘（如果菜葉太大，可以分成2次操作）。

② 高麗菜葉鋪平，放上香腸，從靠近自己這側的菜葉先折1次包住香腸，右邊菜葉折入後往前捲到底，再把左邊菜葉塞進菜捲裡。以相同的方法完成8個香腸捲。

③ 將全部做法②排滿鍋中，加入水、材料A和鴻喜菇，放入鍋內蓋壓在食材上，以中火煮約15~20分鐘，煮至汁液收乾。

Point

■ 捲的時候，把一側的葉子往裡面推入再捲，便能牢牢固定住。
■ 將高麗菜香腸捲排滿鍋中沒有空隙，可以避免煮爛，維持外型完整。

10/11

辛辣香菇肉燥

15分鐘

材料（2人份）

豬絞肉…200克
乾香菇…5朵
薑…1片
豆瓣醬…1小匙

A
酒…3大匙
砂糖…1大匙
醬油…2½小匙
調合味噌…1½大匙

芝麻油…1大匙

事前準備

乾香菇》放入冷水中泡軟，切掉菇柄，蕈傘切碎。
薑》切碎。
材料A》混拌均勻。

肉
冷藏 2~3天
OK

做法

① 芝麻油倒入平底鍋中熱油，放入薑、豆瓣醬以小火拌炒，待炒出香氣後加入豬絞肉拌炒，炒至顏色變白加入香菇，拌炒至食材全都入味。

② 加入材料A，煮至醬汁收乾即成。

Point

■ 爲了避免薑、豆瓣醬炒焦，記得要以小火慢慢地炒。
■ 豬絞肉炒至肉燥狀後再加入調味料煮，會比較入味。
■ 可以用甜麵醬取代味噌烹調。

10/12

蜂蜜蕃茄醬雞肉

肉

冷藏 2~3 天

OK

20分鐘

材料（2人份）

雞胸肉…1片

A ┌ 鹽、胡椒…少許
　├ 酒…1大匙
　└ 日式美乃滋…1大匙

太白粉…1大匙

蕃茄醬…2大匙

蜂蜜…1大匙

沙拉油…1大匙

事前準備

雞胸肉≫切一口大小後放入盆中，加入材料A搓揉，醃漬10分鐘讓肉入味。

做法

① 將太白粉倒入雞胸肉盆中混合拌勻。

② 沙拉油倒入平底鍋中熱油，放入做法①，煎至兩面都呈金黃。

③ 蓋上鍋蓋，燜煎約5分鐘至熟，加入蕃茄醬、蜂蜜沾裹均勻即成。

Point

■ 欲食用時，以微波爐加熱再享用，風味不減。

10/13

海苔鹽奶油炒竹輪馬鈴薯

蔬菜

冷藏 2~3 天

OK

15分鐘

材料（2人份）

竹輪…4根

馬鈴薯…160克

鹽…少許

A ┌ 鰹魚風味調味料…½小匙
　├ 醬油…1小匙
　├ 無鹽奶油…15克
　└ 青海苔粉…1大匙

沙拉油…2小匙

事前準備

竹輪≫斜切1公分寬。

馬鈴薯≫充分洗淨外皮，然後對切。

做法

① 馬鈴薯以微波爐600W加熱約2分鐘。

② 沙拉油倒入平底鍋中熱油，放入做法①拌炒。

③ 等馬鈴薯煮熟、煮透，加入竹輪繼續拌炒，最後加入材料A翻拌均勻即成。

Point

■ 馬鈴薯拌炒前先用微波爐加熱，可以縮短烹調時間，避免馬鈴薯煮得碎爛。微波爐加熱時間，可視馬鈴薯大小略微調整。

10/14

高麗菜培根起司春捲

OK
冷凍2週
蔬菜

材料（2人份）

高麗菜葉…4片（200克）
玉米罐頭…1罐（100克）
加工起司…100克
春捲皮…10張
大葉（紫蘇葉）…10片
麵粉水
（麵粉…1大匙
水…1大匙）

事前準備

玉米罐頭≫倒掉汁液，以廚房紙巾擦乾玉米粒。

加工起司≫切成1公分的粗條。

高麗菜≫切粗絲後放入耐熱容器中，以微波爐600W加熱約2分鐘，用廚房紙巾充分擦乾。

做法

① 將春捲皮粗糙的那一面朝自己攤開，先排上大葉，再依序放上十分之一量的高麗菜、玉米、起司，包捲成春捲。在包捲至最後時，在春捲皮上塗抹麵粉水，使春捲皮黏住固定。以相同的方法完成10個春捲。

② 將春捲排在鋪了烤盤紙的鐵盤上，每個春捲之間保留適當的間隔。整盤包上保鮮膜，放入冰箱冷凍。等春捲冷凍後放入密封保鮮袋中，封好袋口，放入冰箱冷凍保存。

Point

■春捲皮包好餡料後會變軟，所以不可冷藏保存，必須立刻放入冰箱冷凍。

食用時

起油鍋，待油溫達到160～170°C時，小心地放入3～4根冷凍春捲油炸。待春捲皮炸至上色後翻面繼續炸，炸至整個春捲外皮酥脆即可起鍋。如果將冷凍春捲解凍後放入油鍋炸，炸油容易飛濺，非常危險，所以務必從冷凍庫取出後直接入鍋油炸。此外，若以太高的油溫油炸，春捲皮容易破掉，使得餡料流出，所以要控制油溫在160～170°C。炸好的春捲直接食用就很可口，但也可依個人喜好，加上鹽或辣椒醬享用。

10/15

味噌醃半熟蛋

OK
冷藏 2~3天
其他

材料（容易製作的分量）

蛋…6個
A
—調合味噌…4大匙
—蜂蜜…2大匙
—芝麻油…1小匙
醋…1大匙
鹽…⅓小匙

事前準備

蛋≫蛋殼較鈍的那一邊刺一個小洞。

做法

① 備一鍋滾水，加入鹽、醋拌勻，輕輕放入蛋，以中火加熱約6分鐘。煮的過程中，可以拿筷子不時攪動。
② 將蛋放入冰水中浸泡約3分鐘，取出剝掉蛋殼，將蛋擦乾，放入密封保鮮袋中。
③ 將材料A倒入盆中拌勻，然後倒入做法②中並搓揉。
④ 徹底擠出保鮮袋中的空氣後密封，放入冰箱冷藏，醃漬半天~1天即成。

Point

■在蛋殼較鈍的那一邊刺一個小洞，水煮後更容易剝殼。而滾水中加入的醋，具有讓蛋白凝固的效果。

10/16

芝麻味噌炒豬肉南瓜

肉　冷藏 2~3 天　OK

材料（2人份）

豬梅花薄肉片…200克
鹽、胡椒…少許
南瓜…¼個
大蔥…½根
薑…1片
A
酒…2大匙
味醂…2大匙
砂糖…2小匙
醬油…1小匙
調合味噌…1½大匙
炒熟白芝麻…2大匙
沙拉油…2小匙

事前準備

豬肉》切4~5公分寬，撒入鹽、胡椒。
南瓜》切1公分厚，放入耐熱容器中，鬆鬆地包上保鮮膜，以微波爐600W加熱2分30秒~3分鐘。
大蔥》斜切1公分厚。
薑》切碎。

做法

① 沙拉油倒入平底鍋中熱油，放入薑以小火拌炒，待炒出香氣後加入豬肉拌炒，續入大蔥，以中火拌炒，取出備用。
② 原鍋放入南瓜，以中火加熱至兩面都上色，加入做法①、材料A和白芝麻，以中火拌炒均勻即成。

10/17

奶油味醬油炒鮮蝦杏鮑菇

魚　冷藏 2~3 天　OK

材料（2人份）

去頭蝦子…8尾
酒…1大匙
鹽、胡椒…少許
太白粉…½大匙
杏鮑菇…1包（100克）
韭菜…½把（50克）
大蒜…1瓣
酒…1大匙
醬油…1大匙
無鹽奶油…20克

事前準備

蝦子》剝掉蝦殼，挑出背部的蝦腸，加入酒、鹽和胡椒後稍微搓揉。
杏鮑菇》長度對切一半，然後切0.5公分厚。
韭菜》切3公分長。
大蒜》切碎。

做法

① 奶油、大蒜倒入平底鍋中以小火拌炒，待炒出香氣後排入蝦子，再以中火煎至兩面都呈金黃。
② 加入杏鮑菇稍微拌炒，煮軟後再加入韭菜拌炒。
③ 繞圈淋入酒、醬油，以大火迅速拌炒一下即成。

Point

■ 蝦子撒上太白粉，烹調完成後口感更酥脆。
■ 奶油拌炒大蒜時，大蒜很容易燒焦，操作重點在於要用小火~中火加熱。

10/18

魩仔魚乾海帶芽拌飯料

材料（容易製作的分量）

乾燥海帶芽…10克
魩仔魚乾…30克
A
- 味醂…2小匙
- 砂糖…2小匙
- 醬油…1大匙
- 鹽…⅓小匙

炒熟白芝麻…1大匙
芝麻油…½小匙

飯
冷藏 4~5 天
OK

事前準備

海帶芽≫放入水中泡軟，如果買到的是大片海帶芽，要先剪成小片。

做法

① 將海帶芽放入平底鍋中，以小火乾煎2~3分鐘。
② 加入魩仔魚乾、材料A，拌炒至水分收乾。
③ 盛入盆中，撒上白芝麻，滴入芝麻油迅速翻拌均勻。

Point
■這道料理的製作重點在於處理海帶芽，必須將海帶芽乾煎讓水分充分蒸發才行。

10/19

甜鹹風味炒豬五花地瓜

材料（2人份）

豬五花肉…200克
鹽、胡椒…少許
太白粉…適量
地瓜…1條（200克）
沙拉油…1大匙
無鹽奶油…15克
A
- 酒…2大匙
- 味醂…2大匙
- 醬油…2大匙
- 砂糖…1大匙

肉
冷藏 3~4 天
OK

事前準備

豬肉≫切一大口片狀，撒入鹽、胡椒，再薄薄地沾一層太白粉。
地瓜≫切成1公分的粗條，放入水中浸泡5~10分鐘。

做法

① 沙拉油倒入平底鍋中熱油，放入豬肉，煎至兩面都上色，取出備用。
② 原鍋放入奶油加熱融化，放入地瓜以中火拌炒，待地瓜上色，加入材料A煮至醬汁收乾，再放入做法①迅速拌炒一下即成。

Point
■地瓜先放入水中浸泡，這樣才能呈現出漂亮的顏色。

10/20

一口明太子奶油義大利麵

20分鐘

材料（2人份）

義大利麵…60克
水…200毫升
牛奶…100毫升
鹽、胡椒…少許
明太子…1條
無鹽奶油…15克
昆布茶…1小匙
海苔絲…適量

事前準備

明太子»割開外膜，將明太子（魚卵）刮出。

麵
冷凍2週
OK

做法

① 將水、牛奶、鹽、胡椒倒入平底鍋中加熱。
② 待水煮滾後，將義大利麵對折一半後放入滾水中，蓋上鍋蓋，按照義大利麵包裝袋上的時間煮好義大利麵，
③ 加入奶油、昆布茶和明太子翻拌均勻。
④ 取六分之一量的做法③，分別裝在6個料理小杯中，待料理降至常溫，撒上海苔絲裝飾即成。

食用時

以微波爐加熱，放至常溫後再裝入便當盒即可。

Point

■ 可以連同料理小杯一起放入保存容器中，為了防止料理失去水分變乾，要緊緊包好保鮮膜，再放入冰箱冷凍保存。此外，也可以使用能確實密封的保鮮袋盛裝保存。

10/21

味噌照燒小松菜肉捲

30分鐘

材料（2人份）

豬五花薄片…300克
鹽、胡椒…少許
小松菜…300克
麵粉…適量
沙拉油…1大匙
A 酒…2大匙
味醂…1大匙
砂糖…2大匙
醬油…2小匙
味噌…1小匙

事前準備

豬肉»撒上鹽、胡椒。
小松菜»切掉根部，放入加了鹽（材料量之外）的滾水中煮約2分鐘，撈起泡入冷水，取出擠乾水分。

蔬菜
冷藏2~3天
OK

做法

① 取1片豬肉片鋪平，放上小松菜後捲起，撒上麵粉。以相同的方法捲好全部肉捲。
② 沙拉油倒入平底鍋中熱油，排入做法①的肉捲，煎約5分鐘至肉捲都上色。
③ 倒入材料A，煮約3分鐘至醬汁收乾。
④ 取出肉捲，切成2公分寬即成。

Point

■ 小松菜根部附著的泥土，要徹底清洗乾淨。
■ 小松菜水煮後要確實擠乾水分，這樣捲肉捲時才不會變得水水的。

10/22

滿滿蔬菜炒豆腐

20分鐘

材料(2人份)

板豆腐…1塊(300克)
雞胸肉…100克
鹽、胡椒…少許
酒…1小匙
胡蘿蔔…½根(75克)
牛蒡…½根(75克)
香菇…2朵
四季豆…4根
柴魚昆布高湯…100毫升
A 味醂…2大匙
A 砂糖…1大匙
A 醬油…2大匙
芝麻油…1大匙

蔬菜 冷藏2~3天 OK

事前準備

豆腐》先用廚房紙巾包好,放入耐熱容器中,以微波爐600W加熱約2分鐘,取出後拿重物壓在豆腐上約10分鐘,除去豆腐的水分。
雞肉》切成1公分小丁,抹上胡椒、鹽和酒,再稍微揉搓入味。
胡蘿蔔》切1公分寬的粗條。
牛蒡》切成薄片,放入水中浸泡。
香菇》切掉菇柄,蕈傘切薄片。
四季豆》切成2公分小段。

做法

① 芝麻油倒入平底鍋中熱油,放入雞胸肉拌炒,等肉變成白色,依序加入胡蘿蔔、牛蒡、香菇和四季豆拌炒。
② 等食材都炒熟了,加入豆腐,以木匙一邊將豆腐壓碎,一邊和其他食材拌炒均勻。
③ 加入柴魚昆布高湯、材料A煮至湯汁收乾即成。

10/23

奶油鹽昆布炒青椒金針菇

10分鐘

材料(2人份)

青椒…3個
金針菇…½包(100克)
沙拉油…½大匙
A 鹽昆布…10克
A 無鹽奶油…5克
A 胡椒…少許

蕈菇 冷藏2~3天 OK

事前準備

青椒》縱切對半,順著纖維切細條。
金針菇》切掉根部,再切成3等分,用手剝散。

做法

① 沙拉油倒入平底鍋中熱油,放入青椒炒熟。
② 加入金針菇迅速拌炒,續入材料A,以大火炒至水分收乾即成。

Point

■由於青椒順著纖維切,所以質地較柔軟,口感佳。
■蕈菇類比較容易出水,所以要以大火迅速拌炒,使其水分收乾。

10/24

清爽鹽檸檬炸雞

OK 冷凍2週 肉

材料（2人份）

雞腿肉…1片（300克）

A
- 酒…1大匙
- 鹽…½小匙
- 蒜泥…½小匙
- 雞高湯粉…1½小匙
- 檸檬汁…1大匙
- 芝麻油…1大匙

太白粉…適量
沙拉油…適量

事前準備

雞肉 ≫ 切掉多餘的皮和脂肪，切成12等分。

做法

① 將雞肉和材料A倒入盆中，揉捏雞肉，放置約15分鐘，然後沾上一層太白粉。

② 沙拉油倒入平底鍋中，約0.5公分高，加熱至170℃，放入做法①煎炸。每一面煎炸約3分鐘，撈出瀝乾油分。可依喜好搭配檸檬食用。

Point

■ 這道菜是以冷凍保存，所以調味料稍微濃一點，但若不冷凍而直接吃的話，要調整調味料的分量。

保存&食用時

將每兩塊炸雞放在一個料理小杯中，移至保存容器，緊緊蓋上蓋子，放入冰箱冷凍保存。欲食用的半天前，拿到冰箱冷藏解凍，再以微波爐600W加熱30秒～1分鐘。

10/25

壽喜燒風味蕃茄牛肉時雨煮

OK 冷藏2~3天 肉

材料（2人份）

薄切牛肉片…300克
蕃茄…1個
洋蔥…½個（100克）
水…50毫升

A
酒…50毫升
砂糖…2大匙
醬油…2大匙
麵味露（3倍濃縮）…1小匙

事前準備

蕃茄»切月牙形。
洋蔥»切1.5公分寬的瓣後，放入耐熱容器中，鬆鬆地包上保鮮膜，以微波爐600W加熱2分鐘。

做法

① 將蕃茄放入平底鍋中，一邊用木匙壓碎一邊加熱，煮至水分收乾。
② 加入洋蔥、牛肉後迅速拌炒，等牛肉顏色變白後倒入水、材料A，以大火煮至醬汁漸漸收乾。
③ 繼續拌煮至醬汁完全收乾，可看到平底鍋底後關火。

Point

■ 蕃茄一開始就先煮乾，所以鮮甜與風味已經釋出，更能提升這道料理的美味。
■ 烹調訣竅在於調味料加入後，要確實煮至水分收乾、醬汁變得濃稠。

食用時

可依個人喜好加入大葉（紫蘇葉）絲，好吃得令人回味再三。

⏱20分鐘

10/26

和風醋漬鮭魚雙菇

材料（2人份）

鮮嫩鮭魚…2片
鹽…少許
金針菇…½包（100克）
鴻喜菇…1包
—A—
味醂…2大匙
醋…3大匙
醬油…½大匙
麵味露（2倍濃縮）…2大匙

魚 冷藏 1~2天

事前準備

鮭魚≫撒些許鹽醃一下，魚皮上劃2~3處刀紋。
金針菇≫切掉根部，長度對半切。
鴻喜菇≫切掉根部，剝散。
材料A≫混拌均勻。

做法

① 將鮭魚放入耐熱容器中，續入金針菇、鴻喜菇和材料A，迅速將所有食材翻拌。
② 包上保鮮膜，以微波爐600W加熱約4分30秒至熟即成。

Point
■ 使用市售鹽漬鮭魚做這道菜的話，口味偏鹹辣，建議使用新鮮鮭魚。
■ 在魚皮上劃幾處刀紋，可防止微波加熱時魚肉爆開。

⏱15分鐘

10/27

奶油煮地瓜

材料（2人份）

地瓜…1條（約200克）
水…適量
砂糖…2大匙
無鹽奶油…15克

蔬菜 冷藏 2~3天 OK

事前準備

地瓜≫切成約0.2公分厚的圓片，放入水中浸泡。

做法

① 將地瓜放入鍋中，倒入可以蓋過地瓜的水量，加入砂糖、奶油後煮滾。
② 放入鍋內蓋壓在食材上，以小火煮約5分鐘，將地瓜翻面，再繼續煮約3分鐘即成。

Point
■ 爲了避免把地瓜煮爛，水不要加入太多，並且每片地瓜都要切得差不多大小。

10/28

鮪魚洋蔥肉燥

魚　冷藏 1 天

材料（2人份）

- 罐頭鮪魚⋯2罐
- 洋蔥⋯¼個
- 薑⋯1片
- 紅辣椒末⋯1根分量
- A
  - 酒⋯1小匙
  - 味醂⋯2小匙
  - 砂糖½大匙
  - 醬油1大匙
- 沙拉油⋯1大匙

事前準備

罐頭鮪魚≫瀝乾油分。
洋蔥、薑≫切碎。

做法

① 沙拉油倒入平底鍋中熱油，放入洋蔥、薑和紅辣椒，炒至洋蔥變成透明。
② 加入鮪魚繼續拌炒。
③ 倒入材料A，拌炒至水分收乾即成。

Point
■ 將洋蔥炒至透明，更能釋出其鮮甜味。最後炒至水分收乾，可使調味充分滲入鮪魚中，更添可口！

10/29

味噌美乃滋豬排

蔬菜　冷藏 2~3 天　OK

材料（2人份）

- 薄切豬肉片⋯350克
- 鹽、胡椒⋯少許
- A
  - 日式美乃滋⋯1½大匙
  - 味噌1½大匙
- 麵包粉⋯40克

做法

① 將豬肉、材料A倒入盆中翻拌混合。
② 分成一口一口的分量，分別用手揉壓整型成圓餅形狀，表面沾裹麵包粉。
③ 在烤盤上塗抹一層沙拉油（材料量之外），排上做法②，放入小烤箱烘烤約15分鐘至熟即成。

Point
■ 揉成圓餅狀的肉很容易散開，所以操作時要確實壓緊。
■ 沾裹的麵包粉越多，口感更香酥且可口。

10分鐘

10/30

微波醋漬四季豆甜椒

肉　冷藏2~3天　OK

材料（2人份）

黃甜椒…1個（150克）
紅甜椒…1個（150克）
四季豆…10根（40克）
鹽…少許

A
砂糖…1小匙
醋…2大匙
鹽、胡椒…少許
橄欖油…3大匙
蒜泥…½小匙

事前準備

甜椒》切細條。
四季豆》折斷蒂頭，撕掉兩側的粗纖維，折兩段。

做法

① 將甜椒、四季豆放入耐熱容器中，撒入鹽翻拌混合。包上保鮮膜，以微波爐600W加熱約4分鐘，取出用廚房紙巾擦乾水分。
② 倒入材料A混拌均勻即成。

Point
■ 微波後的蔬菜要確實擦乾水分，是成功製作這道料理的訣竅。
■ 如果不喜歡酸味，可先將醋微波過後再加入混拌，就能降低酸味。

20分鐘

10/31

鹽海苔蓮藕雞胸肉餅

肉　冷藏2~3天　OK

材料（2人份）

雞胸肉…1片
蓮藕…2節（200克）
酒…1大匙

A
鹽…⅓小匙
青海苔粉…2小匙
起司粉…1½大匙
日式美乃茲…1大匙
太白粉…2大匙
酒…2小匙

沙拉油…1大匙

事前準備

雞肉》切掉多餘的皮和脂肪，切成粗粒。
蓮藕》放入食物袋中，以刀敲碎。

做法

① 將雞肉、蓮藕放入耐熱容器中，倒入材料A，混拌至有黏性的餡料。準備好湯匙舀出。
② 沙拉油倒入平底鍋中熱油，用湯匙舀入適量的做法①至鍋中，稍微壓成肉餅狀，煎至上色後翻面。接著倒入酒，蓋上鍋蓋，以小火燜煎約5分鐘至熟即成。

Point
■ 如果雞肉餅餡料難以成型，可加入少許太白粉試試看。
■ 煎雞肉餅時，盡可能不要碰到，慢慢地煎，才不會散掉。

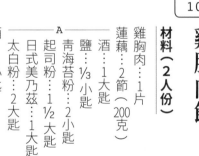

Column 小專欄10

如何讓常備菜更美味？

雖然說常備菜是忙碌沒時間，或者「好想再吃一道菜」時的最佳料理，
但你是否曾經覺得「應該不太好吃吧！」以下介紹幾種讓常備菜更好吃的方法！

煩惱 1

味道變淡了，
而且口感軟軟的

≫

想辦法讓蔬菜不要出水

對於一旦出水，風味就會大打折扣的涼拌菜和炒類料理，務必確實瀝乾水分再保存。不過，有些料理不管怎樣都會出水，不妨試試加入柴魚片或研磨芝麻粉這類可吸收水分的食材。

煩惱 2

油炸料理加熱後
就不酥脆了

≫

使用微波爐和小烤箱！

用微波爐加熱，怕會變軟；用小烤箱加熱，又怕會烤焦……這種時候，建議可以先用微波將食物加熱至中間變軟，再放入小烤箱烤至外層酥脆。

煩惱 3

家裡沒有
食譜上寫的
食材或調味料

≫

可依喜好，用其他食材烹調

可以改用喜歡的調味料，但要一邊試味道一邊斟酌加入，以免過鹹。此外，若沒有食譜上的材料，或是不太敢吃的話，肉類可以用同種肉的其他部位，根莖類蔬菜的話就用其他同類蔬菜取代，可依個人喜好變化製作。

煩惱 4

肉覆熱後
口感變硬了

»

肉吸收糖水後再烹調

過度加熱就會變硬的雞胸肉、雞柳等，可以試著在烹調前，先用糖水揉捏一下，讓肉先吸收糖水，保持肉的水分，烹調後口感才會鮮嫩。

煩惱 5

不小心
做太多分量，
有點吃膩了

»

加入萬能的英雄「起司」，來點變化吧！

相信你也有過好幾天都吃同一道常備菜而吃膩的經驗？這種時候不妨加點起司，稍微變化風味吧！在熱食常備菜上撒些起司再加熱，小小變化就能變得更好吃喔！

煩惱 6

味道滲入料理
而變得很鹹

»

加入其他料理中混拌，增添風味

有些料理在保存過程中，會因鹽分滲入而變鹹，這時不要直接吃，可以加在其他料理中食用。比如加在飯中混拌，或是添加於沙拉、烏龍麵中，更能提升風味。

上述提供的小撇步可以讓常備菜更好吃！只要了解烹調訣竅和加熱方法，等於掌握了製作美味常備菜的祕訣。依個人喜好變化食材或調味料，還能獨創風格料理，每天大快朵頤享用。

11/01

醬汁浸泡煎薑泥大蔥

蔬菜

冷藏 2~3天

OK

材料（2人份）

大蔥…2根

柴魚昆布高湯…100毫升

（鰹魚風味調味料…⅓小匙 水…100毫升）

A

薑泥…½大匙

酒…1大匙

味醂…1大匙

醬油…1大匙

芝麻油…2大匙

事前準備

大蔥》切4~5公分寬，在表面劃上刀紋。

做法

① 芝麻油倒入平底鍋中熱油，排入大蔥，將兩面煎至上色，取出放在盤子上。

② 用廚房紙巾將做法①的平底鍋鍋面擦乾淨，倒入材料A煮滾，趁熱淋在大蔥上，放約10分鐘，讓大蔥入味即成。

食用時

欲食用時，可依個人喜好撒些柴魚片享用。

11/02

辣味柚子醋醬油拌白菜雞柳

蔬菜

冷藏 2~3天

OK

材料（2人份）

白菜…250克

鹽（揉捏用）…½小匙

雞柳…3條

酒…2大匙

鹽、胡椒…少許

A

雞高湯粉…¼小匙

柚子醋醬油…2½大匙

炒熟白芝麻…1大匙

辣油…1大匙

芝麻油…2小匙

砂糖…½小匙

事前準備

白菜》切1公分寬小塊。

雞柳》去掉筋膜。

做法

① 將白菜放入盆中，撒入鹽抓拌白菜，放置約5分鐘，將白菜的水分擠乾，然後放在另一個盆中。

② 將酒、鹽和胡椒撒在雞柳表面使其入味，鬆鬆地包上保鮮膜，以微波爐600W加熱2分30秒。待溫度降到可用手觸摸時，剝成肉絲，加入做法①中。

③ 將大約1大匙做法②微波雞柳時的肉汁、材料A倒入白菜、雞肉中，將全部食材充分翻拌均勻即成。

Point

■ 辣油的分量，可依個人喜好調整。

⏱15分鐘

11/03

韓國雞胸肉炸雞

OK（微波）　冷藏 2~3天　肉

材料（2人份）

雞胸肉…1片
酒…1大匙
鹽…1撮
胡椒…少許
太白粉…適量
青椒…3個

A
蒜泥…1小匙
蜂蜜…½大匙
醬油…1大匙
韓國辣椒醬…2大匙
豆瓣醬…2小匙
芝麻油…1大匙

事前準備

雞肉»切掉多餘的皮和脂肪，用叉子在肉表面戳些小洞，再切成一口大小。

青椒»切滾刀塊。

做法

① 將材料A倒入盆中，混拌均勻成醬汁。

② 將雞肉放入另一個盆中，倒入酒、鹽、胡椒抓拌，醃一下使其入味，均勻撒入太白粉。

③ 芝麻油倒入平底鍋中熱油，放入做法②煎至上色，翻面，蓋上鍋蓋以小火燜煎約3分鐘。

④ 加入青椒迅速拌炒，以畫圈方式淋入做法①，拌炒至醬汁收乾即成。

Point

■ 雞胸肉先以調味料抓拌至入味，再撒上太白粉，可防止肉質口感變得乾燥、太柴。

■ 豆瓣醬可依個人喜愛的辣度調整分量。

食用時

撒上一些熟白芝麻食用更好吃喔！

⏱10分鐘

11/04

明太子茸菇醬

飯
冷藏 2~3天

材料（2人份）

金針菇…1包
明太子…1條（50克）
A
酒…1½大匙
味醂…2大匙
砂糖…½大匙
醬油…2大匙

事前準備

明太子≫割開外膜，將明太子（魚卵）刮出，弄散。
金針菇≫切成1.5公分長。

做法

① 將金針菇放入耐熱容器中，倒入材料A，鬆鬆地包上保鮮膜，以微波爐600W加熱3分鐘。
② 從微波爐中取出做法①，再加入明太子迅速混拌，再鬆鬆地包上保鮮膜，以微波爐加熱1~2分鐘即成。

食用時
可以將這道小菜鋪放在米飯或豆腐上面，嘗試不同吃法。

⏱20分鐘

11/05

濃郁味噌煮雞腿蒟蒻

肉
冷藏 2~3天
OK

材料（2人份）

蒟蒻…300克
雞腿肉…300克
鹽、胡椒…少許
太白粉…1大匙
芝麻油…1大匙
水…200毫升
A
酒…1大匙
砂糖…1大匙
醬油…1大匙
味噌…1大匙

事前準備

蒟蒻≫手撕成一口大小，放入耐熱容器中，倒入可以蓋過蒟蒻的水量，以微波爐600W加熱2分鐘，瀝乾水分。
雞肉≫切掉多餘的皮和脂肪，再切成一口大小。倒入鹽、胡椒抓拌，醃一下使其入味，均勻撒入太白粉。

做法

① 芝麻油倒入平底鍋中熱油，放入蒟蒻拌炒，倒入材料A。
② 撈除浮末並煮滾後，加入雞肉，放入鍋內蓋壓在食材上，以中火煮10~15分鐘。
③ 掀開鍋內蓋，煮至水分慢慢收乾。可依個人喜好撒入蔥花增添風味。

Point
■ 蒟蒻除了可以用手撕，也可以用湯匙或杯子邊緣挖取，盡量控制一樣的大小。

11/06

黑醋豬肉炒牛蒡地瓜絲

15分鐘

OK　冷藏2~3天　蔬菜

材料（2人份）

- 豬五花薄片…150克
- 鹽、胡椒…少許
- 太白粉…1大匙
- 牛蒡…1根
- 地瓜…½條（150克）
- A
  - 酒…1大匙
  - 味醂…1大匙
  - 砂糖…1大匙
  - 黑醋…2大匙
  - 醬油…1½大匙
- 沙拉油…適量

事前準備

豬肉≫切1公分寬，放入鹽、胡椒抓拌，均勻撒入太白粉。

牛蒡≫切5公分長、0.5公分寬的細條，泡水。

地瓜≫連皮一起切5公分長、0.5公分寬的細條，泡水。

做法

① 沙拉油倒入平底鍋中，倒入約1公分高度，加熱至170℃，放入豬肉，以薄油煎炸至酥脆，熟了之後撈出。

② 將牛蒡、地瓜放入做法①的平底鍋中，以薄油煎炸至酥脆，熟了之後撈出。

③ 用廚房紙巾將平底鍋鍋面擦乾淨，倒入材料A煮，等煮至冒泡後放入做法①、②，以大火一邊加熱，一邊將食材均勻沾附醬汁即成。

Point

- 想要豬肉口感酥脆，祕訣在於撒上太白粉之後再煎炸。
- 盡量將食材切得大小均一，不僅醬汁容易入味，而且好入口。

食用時

可依個人喜好，撒上熟白芝麻享用。

11/07

甜味煮香菇油豆腐

20分鐘

材料（2人份）

香菇…8朵
油豆腐…200克
胡蘿蔔…1/3根
柴魚昆布高湯…300毫升
（鰹魚風味調味料…2/3小匙
水…100毫升）

A
味醂…2大匙
砂糖…1大匙
醬油…2大匙

芝麻油…1/2大匙

蕈菇
冷藏 2~3 天
OK

事前準備

香菇》切掉菇柄，蕈傘切對半。

油豆腐》以滾水沖淋油豆腐，去掉油分，再用廚房紙巾按壓吸掉水分，每塊切成8等分。

做法

① 芝麻油倒入深（高身）平底鍋中熱油，放入油豆腐拌炒。

② 加入香菇、胡蘿蔔拌炒，等鍋中食材都充分沾附了油，倒入材料A，放入鍋內蓋壓在食材上，以中火燉煮約10分鐘即成。

Point

■ 油豆腐以滾水沖淋去掉油分後，不僅去掉油脂味，也能使油豆腐燉煮後更入味且口感較軟。

■ 依個人喜好以雕成花形的胡蘿蔔裝飾，料理品項更華麗。

11/08

甜辣風味雞胸肉炒地瓜

25分鐘

材料（2人份）

雞胸肉…1片
酒…1大匙
砂糖…1小匙
鹽…少許
地瓜…1條（250克）

A
燒肉醬…2大匙
韓國辣椒醬…1大匙
蒜泥…1小匙

太白粉…適量
芝麻油…1大匙

肉
冷藏 2~3 天
OK

事前準備

雞肉》切掉多餘的脂肪和皮，切成一口大小。倒入酒、砂糖和鹽，抓拌揉捏使其入味，放置約10分鐘。

地瓜》連皮切一口大小的滾刀塊，泡水約5分鐘。

材料A》混拌均勻。

做法

① 將地瓜放入耐熱容器中，包上保鮮膜，以微波爐600W加熱4分鐘。

② 芝麻油倒入平底鍋中熱油，排入撒上太白粉的雞肉煎至上色，翻面，加入做法①拌炒均勻。

③ 倒入材料A，混拌至所有食材都沾附醬汁即成。

Point

■ 煎雞胸肉前撒上太白粉，可防止肉質口感變得乾燥，鎖住水分。

■ 地瓜先用微波爐加熱過後再炒，可縮短熱炒的時間。

11/09

山葵風味磯邊蓮藕餅

材料（2人份）

蓮藕…2節（350克）
燒海苔…½片
鹽…1撮
太白粉…2大匙
A
酒1大匙
味醂…1大匙
砂糖…1小匙
醬油…2小匙
山葵泥…1小匙
沙拉油…1大匙

蔬菜
冷藏 2~3天
OK

事前準備

蓮藕 ≫ 取部分蓮藕切成6片薄片，放入醋水（材料量之外）中泡約5分鐘，用廚房紙巾擦乾水分。剩下的蓮藕磨成泥，用手擠乾水分。

燒海苔 ≫ 切成細長條，共需6片。

材料A ≫ 混拌均勻。

做法

① 將鹽、太白粉撒入蓮藕泥中混合拌勻，取六分之一量揉成團，稍微整型，壓入切成薄片的蓮藕片中，再以燒海苔捲起。

② 將太白粉（材料量之外）撒在整型好的海苔蓮藕片上。

③ 沙拉油倒入平底鍋中熱油，排入做法②，以中火開始煎，煎至兩面都上色且熟了，倒入材料A，煮至海苔蓮藕片都沾附醬汁即成。

Point

■ 蓮藕泥要輕輕把水擠乾，口感才會好。

■ 如果喜歡吃辣，可以準備多一點山葵泥搭配食用。

11/10

鱈寶大阪燒

材料（2人份）

鱈寶（鱈魚豆腐）…1片（100克）
高麗菜…2片（100克）
炸麵糊碎（天婦羅花）…2大匙
蛋…1個
麵粉…40克
水…80毫升
沙拉油…1大匙

其他
冷藏 2~3天
OK

事前準備

高麗菜 ≫ 洗淨，切細絲。

做法

① 將鱈寶放入盆中，用叉子壓爛弄碎。

② 將蛋、麵粉和水倒入做法①中混合拌勻，加入高麗菜、炸麵糊碎迅速拌合成餡料糊。

③ 取一半量的沙拉油倒入玉子燒鍋中熱油，倒入一半量的餡料糊鋪滿整個鍋面，煎至上色後翻面，繼續煎至兩面都上色。剩下的餡料糊也以同樣的方法操作。

④ 等降至常溫，切成易入口的大小，依個人喜好加入海苔粉、紅薑食用。

Point

■ 因爲加入了鱈寶（鱈魚豆腐），即使過了一段時間，餡料糊也還是鬆軟。

■ 除了水，也可以改用柴魚昆布高湯製作，更能提升風味。

11/11

濃郁美味蛋

材料（容易製作的分量）

蛋…6顆
蠔油…2大匙
麵味露（3倍濃縮）…2大匙
水…2大匙

事前準備

麵味露≫和水拌勻。
蛋≫從冰箱冷藏中取出，放置回到常溫。

25分鐘

food 其他 冷藏 2~3天 OK

做法

① 將蛋放入深（高身）平底鍋中，倒入水，水量至蛋的一半高度。
② 將做法①加熱，以料理筷一邊翻動蛋，一邊煮滾。等煮滾後蓋上鍋蓋，繼續煮約7分鐘。
③ 將蛋撈出，放在裝了水的盆中，等蛋降溫至手可以觸摸的溫度，再泡入冷水中，靜置約5分鐘。取出剝好蛋殼，把蛋放入密封保鮮袋中。
④ 將蠔油和麵味露混勻，倒入做法③的袋中，封緊袋口，揉捏使蛋入味。
⑤ 將保鮮袋中的空氣確實擠出，再次封緊袋口，放入冰箱冷藏，醃漬半天～1天即成。

Point

■ 水煮蛋是蓋上鍋蓋煮，所以少量水就能煮好。

11/12

糖煮葡萄

材料（容易製作的分量）

葡萄…1串（約500克）
砂糖…100克
水…400毫升
檸檬汁…1大匙

事前準備

葡萄≫摘下一顆顆葡萄。

20分鐘

甜點 冷藏 3~4天 OK

做法

① 鍋中倒入大量水煮沸，迅速放入葡萄過水撈起，放入冷水中，剝好葡萄皮。
② 將葡萄皮、砂糖和水倒入鍋中加熱。
③ 煮滾後先撈出葡萄皮，再放入葡萄果肉，倒入檸檬汁，放入鍋內蓋壓在葡萄上，以小火燉煮約10分鐘即成。

Point

■ 葡萄可使用無籽巨峰葡萄，或是貓眼葡萄。
■ 葡萄浸泡過滾水後，就能輕易剝皮。而葡萄皮經過加熱，使得糖漿變成淡淡的紫色。

食用時

可以放在優格或冰淇淋上，或者用剩下的葡萄糖漿溶解吉利丁，做成果凍享用。可以享用多種不同美食。

11/13

橄欖油蒸蕈菇

材料（2人份）

- 白蘑菇…7朵
- 鴻喜菇…1包（100克）
- 去菇柄香菇…8片
- 大蒜…2瓣
- 巴西里碎…2大匙
- 橄欖油…5大匙
- 酒…2大匙
- 鹽…1/3小匙
- 粗粒黑胡椒…1/3小匙

20分鐘

蕈菇｜冷藏 2~3 天｜OK

事前準備

鴻喜菇»切掉根部，剝散。

香菇»如果比較大片，切對半。

大蒜、巴西里»切細碎。

做法

1. 將白蘑菇、鴻喜菇、香菇、大蒜、巴西里碎和橄欖油倒入鍋中，倒入酒。
2. 蓋上鍋蓋，一邊攪拌，一邊以小火煮8~10分鐘。
3. 等全部食材都煮熟、煮軟，撒入鹽、粗粒黑胡椒調味即成。

Point

■ 也可以改用白酒烹調。

■ 除了食譜中的蕈菇，也可以改成自己愛吃的菇類食材。

@en.ym1021

11/14

柴魚風味煮蒟蒻雞腿

材料（2人份）

- 雞腿肉…1片（250克）
- 蒟蒻…1片（200克）
- A
  - 柴魚昆布高湯…150毫升
    （鰹魚風味調味料…1/3小匙
    水…150毫升）
  - 酒…1大匙
  - 味醂…2大匙
  - 醬油…2大匙
- 柴魚片…1包（3克）

25分鐘

肉｜冷藏 2~3 天｜OK

事前準備

雞肉»切掉多餘的皮和脂肪，再切成一口大小。

蒟蒻»手撕成一口大小，放入滾水中煮約3分鐘，撈出瀝乾。

做法

1. 將材料A倒入鍋中加熱，煮滾後放入雞肉、蒟蒻，等再次煮滾後，放入鍋內蓋壓在食材上，以小火燉煮10分鐘。
2. 掀開鍋內蓋，以大火一邊搖晃鍋子，一邊煮至湯汁收乾，最後撒入柴魚片混拌即成。

Point

■ 蒟蒻先用滾水煮過，不僅可以去除臭味，經過烹調後更易入味。

■ 最後再撒入柴魚片，以免風味流失。放入冰箱冷藏後食材更入味，是便當小菜的好選擇。

11/15

不用炸的一口蜜糖地瓜

25分鐘

OK

冷凍 2 週

蔬菜

材料（容易製作的分量）

地瓜……1條（300克）
砂糖……3大匙
水……1大匙
醬油……1小匙
沙拉油……3大匙
炒熟黑芝麻……適量

事前準備

地瓜»切成一口大小的塊狀，放入水中浸泡約10分鐘，再用廚房紙巾擦乾。

做法

① 將沙拉油、地瓜放入平底鍋中，以中火加熱。不時翻動地瓜，以半煎炸的方式，烹調至地瓜表面呈金黃，大約7～8分鐘。
② 用廚房紙巾擦掉鍋面多餘的油脂，加入水、砂糖，一邊拌炒地瓜，一邊讓地瓜沾裹糖漿。
③ 等地瓜沾裹糖漿呈現出光澤，淋入醬油並翻拌食材，離火，置於一旁放涼。
④ 將地瓜盛入盤中，撒入黑芝麻，移入保存容器，蓋上蓋子，放在冰箱冷凍保存。

Point

■ 將地瓜放入常溫的油加熱，做好的地瓜口感綿軟。

食用時

在裝入便當的半天前，從冷凍取出退冰，再以微波爐600W加熱30秒～1分鐘，擦乾水分，等放涼之後就能盛裝了。

11/16

薑燒高野豆腐肉捲

15分鐘

肉
冷藏 2~3天
OK

材料（2人份）

高野豆腐…2塊
豬五花肉薄片…8片（200克）
—A—
柴魚昆布高湯…200毫升
鹽…少許
醬油…1小匙
酒…2大匙
—B—
味醂…2大匙
醬油…1大匙
薑泥…1小匙
鹽…少許
黑胡椒…少許
太白粉…適量
沙拉油…1大匙

事前準備

材料A》混拌均勻，倒入盆中。

做法

① 將豆腐放入材料A中浸泡約10分鐘，等膨脹且變軟後擠乾水分，橫切成4等分。
② 取1片豬肉片鋪平，放上做法①後捲起。以相同的方法捲好全部肉捲，撒上鹽、黑胡椒和太白粉。
③ 將沙拉油倒入平底鍋中熱油，將做法②的肉捲接縫處朝下放入鍋中煎，煎至全部肉捲都上色。
④ 等肉捲煎熟後，加入材料B和薑泥，以大火煮至醬汁收乾即成。

Point
■ 可先加熱材料A，再倒入高野豆腐浸泡，豆腐會更容易入味。

11/17

明太子起司雞排

20分鐘

肉
冷藏 2~3天
OK

材料（2人份）

雞柳…4條
明太子…3條（100克）
起司片…4片
酒…2大匙
鹽、胡椒…少許
麵粉…適量
—A—
蛋…2個
起司粉…2大匙
巴西里…少許
沙拉油…2大匙

事前準備

雞柳》去掉筋膜。
明太子》割開外膜，將明太子（魚卵）刮出，弄散。
起司片》每片切對半。
巴西里》切細碎。
材料A》混拌均勻。

做法

① 雞柳縱向蝴蝶切片，攤開，蓋上保鮮膜，用擀麵棍敲打使其薄平，然後移到盤中，撒些許酒。
② 取1片雞肉攤開，依序排上四分之一量的明太子、2片起司片，然後把雞肉對折，兩面都撒上鹽、胡椒和麵粉。
③ 將做法②放入材料A中，整個均勻沾裹。
④ 沙拉油倒入平底鍋中熱油，排入做法③煎，等雞肉上色後翻面，再繼續煎3~4分鐘至全熟即成。

25分鐘

11/18

甜辣風味煮芋頭牛蒡

蔬菜　冷藏3~4天　OK

材料（2人份）

豬梅花薄肉片…150克
蒟蒻…1片（300克）
牛蒡…1根（150克）
A
酒…2大匙
砂糖…1大匙
醬油…2大匙
柴魚昆布高湯…200毫升
（鰹魚風味調味料…1小匙　水…200毫升）
芝麻油…1大匙

事前準備

豬肉≫切4公分寬。
蒟蒻≫放入食物袋中，用擀麵棍敲打，等蒟蒻表面積漲大約1.5倍後取出，撕成一口大小，放入滾水中汆燙，取出。
牛蒡≫切滾刀塊，泡水約5分鐘。

做法

① 平底鍋燒熱，放入蒟蒻乾煎，煎至逼出水分、變白，並且發出唧唧的聲音，倒入芝麻油拌炒。
② 等蒟蒻均勻沾附芝麻油，加入豬肉、牛蒡拌炒均勻。續入材料A，以中小火加熱，不時翻拌，煮至水分收乾且具有油亮光澤即成。

Point
■ 蒟蒻經過敲打汆燙，可使蒟蒻烹調後更入味。

15分鐘

11/19

柴魚風味魩仔魚小松菜拌飯料

飯　冷藏2~3天　OK

材料（容易製作的分量）

小松菜…1把（300克）
魩仔魚…50克
炒熟白芝麻…1大匙
柴魚片…1包（3克）
A
味醂…1大匙
砂糖…1小匙
醬油…2小匙
芝麻油…1小匙

事前準備

小松菜≫切掉根部。

做法

① 在鍋中倒入大量水煮滾，加入少許鹽（材料量之外），先抓好小松菜葉，把莖先放入滾水中煮，接著繼續放入莖連接葉的地方煮30秒，最後放入葉尖煮30秒。撈出放入冰水中浸泡，擰乾水分，切成0.5公分寬的碎片。
② 芝麻油倒入平底鍋中，以小火熱油，加入魩仔魚，炒至乾乾脆脆。
③ 將做法①放入做法②中拌炒，倒入材料A，以大火炒至水分收乾。
④ 加入白芝麻、柴魚片翻拌即成。

Point
■ 製作這道菜的重點在於滾水煮的小松菜要確實擰乾水分，炒的時候才不會濕濕水水的，最後再放入平底鍋中炒至水分收乾。

11/20

德式鮭魚煎馬鈴薯

20分鐘

材料（2人份）

鮮嫩鮭魚…3片
鹽、胡椒…少許
馬鈴薯…3個（300克）
洋蔥…½個
蒜泥…1瓣分量
鹽…⅓小匙
粗粒黑胡椒…少許
橄欖油…2大匙

魚
冷藏 2~3天
OK

事前準備

鮭魚》切成3~4等分，撒上些許鹽、胡椒。

馬鈴薯》連皮一起切成1公分厚的半月形，放入水中浸泡。

洋蔥》切1公分大丁。

做法

① 將1大匙橄欖油倒入平底鍋中，加入蒜泥拌炒，等散發出香氣後，鮭魚皮那面朝下放入鍋中，煎至兩面都酥脆且魚肉熟了，取出備用。

② 立刻將鍋面擦乾淨，倒入剩下的橄欖油熱鍋，排入馬鈴薯，等馬鈴薯兩面都煎至呈金黃，續入洋蔥拌炒，蓋上鍋蓋，以中小火煎煮3~4分鐘。

③ 等馬鈴薯煮熟後，加入做法①，撒上鹽、黑胡椒調味即成。

食用時
除了直接吃，另外推薦撒入咖哩粉當作香料，或是鋪上起司片享用。

11/21

柚子白蘿蔔

20分鐘

材料（容易製作的分量）

白蘿蔔…½根（500克）
鹽…1大匙
日本柚子…1個
A 砂糖…3大匙
A 醋…3大匙

蔬菜
冷藏 4~5天
OK

事前準備

白蘿蔔》切1公分寬粗條。

日本柚子》用手按在桌上來回滾動，使果肉變軟，距離蒂頭切掉1公分，擠出果汁。以刨刀刨下皮黃色的部分，再切成細絲。

做法

① 將白蘿蔔放入密封保鮮袋中，加入鹽搓揉，置於一旁10分鐘。然後將保鮮袋一角剪掉，將白蘿蔔出的水倒掉。

② 將白蘿蔔放入保存容器中，倒入柚子果汁、柚子皮和材料**A**，充分混拌均勻，並且不時上下顛倒般搖晃混合，再放入冰箱冷藏1小時醃漬。

Point
■ 柚子可以事前先滾動好，擠果汁的時候較不費力，輕鬆便能取得果汁。
■ 也可以依個人喜好，刨柚子皮茸加入醃漬，更增添清爽香氣。

11/22

冬蔭功雞翅

肉｜冷凍 2週｜OK

材料（2人份）

雞翅尖…8根

A
- 酒…2大匙
- 味醂…2大匙
- 冬蔭功醬…2大匙
- 檸檬汁½大匙

蒜泥…1小匙

薑泥…1小匙

鹽…少許

黑胡椒…少許

15分鐘

事前準備

雞翅尖》用叉子在雞翅尖上戳幾個洞，再撒些許鹽、黑胡椒。

做法

① 將材料A、蒜泥、薑泥倒入盆中，充分混合拌勻。

② 將雞翅尖和做法①放入密封保鮮袋中仔細揉捏，然後將雞翅尖平攤，不要重疊壓到，壓出袋內空氣。袋口密封，整袋放入方盤中，移入冰箱冷凍保存。

食用時

整袋放入冰箱冷藏解凍（退冰），用廚房紙巾將雞翅尖擦乾，放入以200℃預熱好的烤箱中，烘烤15分鐘。

Point

■ 一開始用叉子在雞翅尖上戳洞，可以讓調味料更入味。

■ 除了用烤箱烘烤，也可以放在平底鍋中，蓋上鍋蓋燜煎，一樣令人讚不絕口。

11/23

豬肉馬鈴薯

肉｜冷凍 2週｜OK

材料（食用2次的分量）

豬梅花薄肉片…200克

馬鈴薯…400克（3個）

胡蘿蔔…½根

洋蔥…1個

A
- 酒…2大匙
- 味醂…4大匙
- 砂糖…2大匙
- 醬油…4大匙

柴魚昆布高湯…200毫升

（鰹魚風味調味料…1小匙
水…200毫升）

25分鐘

事前準備

豬肉》切3公分寬。

馬鈴薯》切成一小口大小。

胡蘿蔔》切0.5公分厚的半圓形。

洋蔥》切瓣。

做法

① 將豬肉、馬鈴薯、胡蘿蔔、洋蔥和材料A放入密封保鮮袋中仔細揉捏。整袋攤平，然後對折，放入冰箱冷凍保存。

② 將冷凍的做法①維持對折狀態，直接放入平底鍋中，加入柴魚昆布高湯，蓋上鍋蓋加熱。待煮滾後，撈出湯面的浮末，整鍋攪拌一下。

③ 再蓋上鍋蓋燉煮約15分鐘，可依個人喜好加入四季豆享用。

Point

■ 將馬鈴薯、胡蘿蔔切得比平常小一點，比較容易燉煮入味。

■ 烹調中要充分攪拌豬肉，肉質才會更鬆軟、更好吃。

11/24

辛辣味噌煎金針菇肉捲

20分鐘

肉

冷藏 2~3天

OK

材料（2人份）

豬梅花薄肉片…8片（160克）
金針菇…1包（200克）
麵粉…適量
鹽、胡椒…少許
沙拉油…½大匙

A
酒…1大匙
砂糖…1小匙
醬油…1小匙
調合味噌…1½大匙
豆瓣醬…1小匙

事前準備

金針菇》切掉根部，用手剝散成8等分。

材料A》混拌均勻。

做法

① 取1片豬肉片鋪平，撒入鹽、胡椒，放上1等分金針菇後捲起。以相同的方法捲好全部金針菇肉捲，撒上麵粉。

② 沙拉油倒入平底鍋中熱油，將做法①的肉捲接縫處朝下放入鍋中煎，煎至整個肉捲都上色。

③ 等肉捲都煎熟了之後，用廚房紙巾擦掉鍋面多餘的油分，倒入材料A，以大火煮至醬汁收乾即成。

Point

■包捲較多的金針菇不僅可以增加分量，還能提升口感。

■如果不敢吃辣的話，也可以加入美乃滋減低辣度。

11/25

淺漬酪梨

10分鐘

蔬菜

冷藏 2~3天

材料（2人份）

酪梨…1個

A
砂糖…½小匙
醬油…1小匙
白高湯…3大匙
水…3大匙

紅辣椒（切圓片）…少許

事前準備

酪梨》切對半，取出果核，削皮，將果肉切成1公分厚。

材料A》混拌均勻。

做法

① 將酪梨一片片排入保存容器中，倒入材料A。

② 放入冰箱冷藏，醃漬約3小時。

Point

■紅辣椒可依個人喜好斟酌用量。

11/26

酥脆法式杯子鹹派

⏱20分鐘

蔬菜　冷藏 2~3天　OK

材料（2人份）

菠菜…1把
培根…35克
洋蔥…¼個
餃子皮…6張
無鹽奶油…10克
鹽、胡椒…少許
A
- 蛋…1個
- 牛奶…2大匙
- 鹽、胡椒…少許

披薩用起司…50克

事前準備

菠菜≫放入滾水中汆燙，迅速撈出放入冷水中浸泡，擠乾水分後切成3公分長。
培根≫切1公分寬。
洋蔥≫切薄片。

做法

① 奶油倒入平底鍋中熱油，放入培根、洋蔥，以中火拌炒。等洋蔥呈透明，加入菠菜，並以鹽、胡椒調味。
② 將餃子皮鋪入鋁箔紙杯中，舀入做法①。
③ 將材料A倒入容器中拌勻，淋入做法②中，再鋪上披薩用起司，放入小烤箱中烘烤約7分鐘。

Point
■ 菠菜以滾水汆燙後要立刻放入水中浸泡，此外，要確實擠乾水分之後再切。

11/27

漬牛蒡

⏱20分鐘

蔬菜　冷藏 2~3天　OK

材料（2人份）

牛蒡…2根（300克）
A
- 麵味露（3倍濃縮）…130毫升
- 醋…70毫升
- 砂糖…1½大匙
- 紅辣椒（切圓片）…少許

鹽…1小匙

事前準備

牛蒡≫先對切兩半，再切成4公分長，放入水中浸泡10分鐘。

做法

① 將牛蒡放入鍋中，倒入可以蓋過牛蒡的水量，放入鹽後加熱，等煮滾後再繼續煮3分鐘，以濾網撈起牛蒡，瀝乾水分後放涼。
② 將材料A倒入鍋中加熱，等煮滾後，把做法①放入。
③ 煮至再次沸騰，離火。

Point
■ 先將牛蒡汆燙過，是保持口感的關鍵。
■ 如果改做成碎芝麻拌牛蒡的話，會更入味。

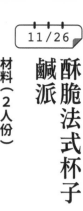

11/28

一口味噌豬排

OK（微波）｜冷藏 2~3 天｜肉

20分鐘

材料（2人份）

豬梅花薄肉片…8片
鹽…少許
黑胡椒…少許
麵粉…適量
蛋…1個
麵包粉…適量
A 砂糖…2大匙
A 味醂…2大匙
A 調合味噌…3大匙
沙拉油…4大匙

事前準備

材料A》混拌均勻。

做法

① 取1片豬肉片鋪平，撒入鹽、黑胡椒，從靠近自己這端往前捲起，調整成一口大小的形狀，然後依序沾裹麵粉、蛋液、麵包粉。

② 沙拉油倒入平底鍋中，加熱至170℃，放入做法①，不時上下翻面滾動，炸至全部豬排都上色，取出備用。

③ 用廚房紙巾擦掉鍋面多餘的油分，倒入材料A，再放回做法②，使豬排均勻沾附醬汁即成。

食用時

重新加熱後再食用。可依自己的喜好，夾入小餐包中做成三明治享用，或是搭配米飯一起吃。

11/29

芝麻油漬蔥

10分鐘

材料（容易製作的分量）

小支的蔥…1把
蒜泥…1小匙
—A—
鹽…¼小匙
醬油…1大匙
芝麻油…100毫升

飯
冷藏 4~5天

事前準備

蔥≫蔥切蔥花，用廚房紙巾確實擦乾水分。

做法

① 將蔥花放入容器中，倒入混合均勻的材料A混拌（材料A要能蓋住蔥，才能浸泡到）。
② 放置約5分鐘即成。

Point
■ 蔥花如果沒有擦乾的話，很容易壞掉，所以務必擦乾水分。
■ 所有材料要仔細混合均勻，才能風味一致。

11/30

洋風地瓜蘋果沙拉

20分鐘

材料（2人份）

地瓜…1條（300克）
蘋果…1個（250克）
奶油起司（cream cheese）…50克
檸檬汁…1大匙
優格…2大匙
蜂蜜…1大匙

蔬菜
冷藏 3~4天
OK

事前準備

地瓜≫削皮，切成1公分大丁，放入冷水中浸泡5分鐘。
蘋果≫切成1公分大丁，放入鹽水中浸泡，瀝乾水分。
奶油起司≫切成1公分大丁。

做法

① 將地瓜放入耐熱容器中，包上保鮮膜，以微波爐600W加熱5分鐘。
② 取一半量做法①的地瓜放入另一個容器中，加入檸檬汁，用叉子將地瓜搗碎壓成泥，接著加入優格、蜂蜜混合拌勻。
③ 加入剩下的地瓜、蘋果和奶油起司稍微翻拌即成。

Point
■ 這道沙拉的重點在於先將一半量的地瓜壓成泥，所以仍可保留綿綿鬆軟的口感。
■ 也可依個人喜好，用楓糖取代蜂蜜，一樣美味！

Column
小專欄 11

輕鬆製作常備菜！

烹調小技巧 HACK!

Part 4

雖然只是一些小撇步，但這裡要介紹一些能更輕鬆、
有效率製作常備菜的烹調小技巧！

牛蒡

用揉成團的鋁箔紙擦牛蒡，
可以使泥土迅速掉落。

蓮藕

放入袋子中，以擀麵棍敲打，
纖維被敲碎後烹調比較容易入味。

山藥

不必使用搗泥器，
只要拿擀麵棍敲打，就能輕鬆變成泥。

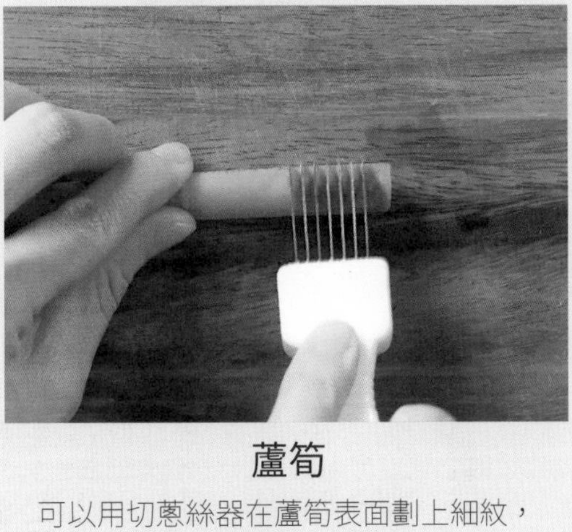

蘆筍

可以用切蔥絲器在蘆筍表面劃上細紋，
蘆筍會更容易咀嚼喔！

利用一些小撇步，製作常備菜更輕鬆！

12/01

筍乾風味綠花椰

蔬菜

冷藏 2~3天

OK

材料（2人份）

綠花椰菜梗…100克
紅辣椒…1根
砂糖…1小匙
A
酒…2小匙
味醂…1小匙
醬油…2小匙
蠔油…½小匙
雞高湯粉…1小匙
芝麻油…1大匙

事前準備

綠花椰菜梗》切成稍扁的粗條。
紅辣椒》去籽後切絲。
材料A》混拌均勻。

做法

① 將芝麻油、紅辣椒倒入平底鍋中，以小火略炒，待散發出香氣，加入綠花椰菜梗、砂糖，全部食材拌炒。

② 將材料A以畫圈方式淋入，煮至醬汁收乾即成。

Point

■因爲食材已經充分入味，所以冷食也很可口。

12/02

咔滋咔滋醬油碎

飯

冷藏 2~3天

OK

材料（容易製作的分量）

柴魚片…20克
焙煎大豆…20克
炒熟白芝麻…1大匙
大蒜…2瓣
紅辣椒…1根
A
酒…1大匙
味醂…1大匙
砂糖…½大匙
醬油…2大匙
水…2大匙
芝麻油…50c.c.

事前準備

焙煎大豆》壓粗碎。
大蒜》切細碎。
紅辣椒》去籽後切圓片。

做法

① 將柴魚片、材料A倒入平底鍋中，燉煮至醬汁收乾，倒入水，以中小火一邊攪拌，煮至水分收乾。

② 加入芝麻油、大蒜和紅辣椒，以中小火繼續煮5分鐘。

③ 離火，加入炒熟白芝麻、焙煎大豆，放至溫度降至可用手觸摸即成。

Point

■爲了避免柴魚片燒焦，請用小火炒。

12/03

甘甜煮鮭魚

魚
冷藏 2~3天
OK

材料（2人份）

鮮嫩鮭魚…2片
酒…2大匙
A
- 酒…1大匙
- 味醂…1大匙
- 砂糖…1大匙
- 醬油…1大匙

事前準備

鮭魚≫切成一口大小，灑些許酒，放置5分鐘。

做法

① 烤盤鋪上烤盤紙，排上鮭魚，放入小烤箱烘烤5分鐘。

② 將鮭魚和材料A放入平底鍋中，燉煮至醬汁吸收，魚肉表面油亮透光即成。

Point

■ 鮮嫩鮭魚直接放入平底鍋中煎，很容易破掉，所以建議先用小烤箱或是烤爐烤過，再燉煮。

食用時

也可以淋入柴魚昆布高湯或茶湯，做成茶泡飯食用。

12/04

泡菜炒雞腿肉大蔥

肉
冷藏 2~3天
OK

材料（2人份）

雞腿肉…2片（500克）
鹽、胡椒…少許
大蔥…1根
薑泥…1大匙
市售泡菜調味醬…4大匙
砂糖…1大匙
醬油…少許
芝麻油…1大匙

事前準備

雞肉≫切掉多餘的筋和脂肪，再切成一大口大小，撒上鹽、胡椒。

大蔥≫切4公分長。

做法

① 將芝麻油、薑泥倒入平底鍋中拌炒一下，待炒出香氣，放入雞肉煎至兩面都上色。

② 加入大蔥，邊翻動邊煎，然後倒入泡菜調味醬、砂糖拌炒均勻。起鍋前，沿著鍋邊，以畫圈方式淋入醬油即成。

Point

■ 最後將醬油沿鍋邊畫圈淋入，可以提升料理的香氣。

■ 雞肉和大蔥都要確實煎至上色，再迅速燉煮。

12/05

雞肉什錦拌飯料

⏱15分鐘

OK 冷凍2週 飯

材料（食用4次的分量）

雞腿肉…250克
炸豆皮…1片
鴻喜菇…100克
胡蘿蔔…50克
A
酒…2大匙
味醂…2大匙
醬油…3大匙
鰹魚風味調味料…3小匙
沙拉油…1大匙

事前準備

雞肉 » 切掉多餘的筋和脂肪，切1公分大丁。
炸豆皮 » 汆燙去掉油分，切1公分寬。
鴻喜菇 » 切掉根部，剝散。
胡蘿蔔 » 切絲。

做法

① 沙拉油倒入平底鍋中熱油，放入雞肉、炸豆皮、鴻喜菇和胡蘿蔔翻炒。
② 等雞肉熟了，倒入材料A，燉煮至醬汁收乾，離火。

保存&食用時

- 等溫度降至手可以觸摸，分成2等分，分別放入密封保鮮袋中，徹底擠出保鮮袋中的空氣後密封，放入冰箱凍保存。
- 欲食用時，放入冰箱冷藏半解凍，然後倒入耐熱容器中，鬆鬆地包上保鮮膜，以微波爐600W加熱2分鐘。可以和溫熱的米飯混拌食用（1袋約可搭配250克米飯享用）

Point

- 蕈菇類食材也可以改用舞菇、香菇等製作。

12/06

冬粉白菜拌鮪魚美乃滋沙拉

蔬菜｜冷藏 2~3天｜OK

材料（2人份）

冬粉…80克
白菜…250克
鮪魚罐頭…1罐（70克）
胡蘿蔔…30克
鹽（揉壓蔬菜用）…½小匙
A
雞高湯粉…½小匙
柚子醋醬油…2½大匙
日式美乃滋…2大匙
芝麻油…2小匙

事前準備

冬粉》放入耐熱容器中，倒入可以蓋過冬粉的水量，以微波爐600W加熱約5分鐘，取出放在濾網上，瀝乾水分。
白菜》切1公分寬的塊狀。
胡蘿蔔》切絲。

做法

① 將白菜、胡蘿蔔放入盆中，加入鹽後搓揉，放置約5分鐘，再以手擠乾水分。
② 將冬粉、鮪魚、材料A和做法①倒入另一個盆中，翻拌混合即成。

Point
■ 如果連鮪魚罐頭中的油一起加入，料理風味更具層次。
■ 以鹽搓揉擠掉多餘的水分，食材會更容易入味。

12/07

炸蓮藕拌紫蘇拌飯料

蔬菜｜冷藏 2~3天｜OK

材料（2人份）

蓮藕…300克
A
味醂…1大匙
鰹魚風味調味料…1小匙
鹽…⅓小匙
醋…½小匙
紫蘇拌飯料（紫蘇飯友，是三島食品的商品）…1大匙
太白粉…適量
沙拉油…適量

事前準備

蓮藕》用削皮刀薄薄削掉外皮，切滾刀塊。取400毫升水、1小匙醋倒入容器調成醋水（材料量之外），放入蓮藕浸泡約5分鐘。

做法

① 將材料A、瀝乾水分的蓮藕放入盆中，稍微翻拌一下，醃漬約5分鐘，撒入太白粉。
② 沙拉油倒入平底鍋中，倒入約1.5公分高度，加熱至170℃，放入蓮藕炸約3分鐘。
③ 撈出瀝乾油分，趁熱撒上紫蘇拌飯料即成。

Point
■ 炸蓮藕時，要一邊察看蓮藕的狀況，一邊調整油炸的時間。

12/08

超辣蒟蒻白蘿蔔

蔬菜
冷藏 2~3 天
OK

30分鐘

材料（2人份）

蒟蒻…1片
白蘿蔔…½根
薑泥…½小匙
蒜泥…½小匙
— A —
水…100毫升
酒…1大匙
味醂…1大匙
砂糖…½大匙
醬油1½大匙
韓國辣椒醬…1½大匙
芝麻油…1大匙
醋…1小匙

事前準備

蒟蒻≫表面劃上交錯的格紋，切成大丁。
白蘿蔔≫切成大丁。

做法

① 將蒟蒻放入耐熱容器中，倒入可以蓋過蒟蒻的水量，包上保鮮膜，以微波爐600W加熱約2分鐘，撈出瀝乾水分。
② 平底鍋燒熱，放入做法①，乾煎約1分鐘，倒入芝麻油、薑泥、蒜泥和白蘿蔔拌炒均勻。
③ 加入材料A煮滾，放入鍋內蓋壓在食材上，以中小火煮約20分鐘，煮至醬汁收乾時，倒入醋拌勻即成。

Point
■ 沒辦法吃超辣口味的話，可以改多加入一點醬油燉煮。

12/09

青海苔起司鱈魚排

魚
冷藏 2~3 天
OK

20分鐘

材料（2人份）

鱈魚…3片（240克）
麵粉…適量
鹽、胡椒…適量
蛋…1個
青海苔粉…1小匙
起司粉…1小匙
沙拉油…2小匙

做法

① 在鱈魚上撒些許鹽（材料量之外），放置約10分鐘，再用廚房紙巾擦乾水分。切成一口大小，撒入鹽、胡椒和麵粉。
② 將蛋打入盆中，拌勻成蛋液，加入青海苔粉、起司粉拌勻。
③ 將做法①沾裹做法②的蛋液。
④ 沙拉油倒入平底鍋中熱油，放入做法③，以小火煎至兩面都熟即成。

Point
■ 一定要用廚房紙巾擦乾鱈魚撒鹽後出的水分，才能去除鱈魚的腥味。
■ 放入平底鍋煎時，盡量不要碰到，表面的蛋才不會破掉。

食用時
可依個人喜好蘸著蕃茄醬食用。

12/10

燒烤風味雞胸肉排

OK

冷藏 2~3天

肉

材料（2人份）

雞胸肉…1片（250克）

A
酒…1小匙
味醂…2小匙
砂糖…1小匙
醬油…2小匙
味噌…1小匙
豆瓣醬…½小匙
蒜泥…1小匙

芝麻油…2小匙

事前準備

雞肉≫切掉多餘的皮和脂肪，再切成一口大小，橫著切開約1公分厚，再切成1公分寬的棒狀。

做法

① 將雞肉、材料A放入容器中揉搓，放置約5分鐘。

② 芝麻油倒入平底鍋中熱油，放入稍微瀝乾的做法①，一邊翻著雞肉一邊煎。醃雞肉的醬汁先保留，不要倒掉。

③ 等雞肉完全煎至上色，倒入醃雞肉的醬汁煮至收乾，再依個人喜好撒入白芝麻享用。

Point

■無法吃辣的人，可以減少豆瓣醬的量。

12/11

薑絲炒魷魚白蘿蔔

魚

冷藏 2~3 天

OK

材料（2人份）

魷魚⋯2隻
鹽、胡椒⋯少許
白蘿蔔⋯100克
薑⋯1片
A
— 酒⋯2大匙
— 味醂⋯2大匙
— 醬油⋯1大匙
芝麻油⋯1大匙

15分鐘

事前準備

魷魚≫拔除內臟和軟骨，將身體內部清洗乾淨。從眼睛以下切掉腳，再去除腳的根部的嘴巴。身體切1公分寬的圓圈狀，腳則切成一口大小，撒些許鹽、胡椒。

白蘿蔔≫切薄薄的半月形。

薑≫切絲。

做法

① 芝麻油倒入平底鍋中熱油，放入薑爆香，待炒出香氣，放入魷魚翻炒。等魷魚變色，加入白蘿蔔迅速翻炒。

② 加入材料A，以大火煮至醬汁收乾即成。

Point
■ 迅速用中火～大火翻炒，可以維持白蘿蔔清脆爽口的口感。

12/12

中式炒海帶芽筍乾

food
其他

冷藏 2~3 天

OK

材料（2人份）

乾燥海帶芽⋯10克
筍乾⋯50克
芝麻油⋯1大匙
紅辣椒⋯1根
薑⋯1片
雞高湯粉⋯½小匙

10分鐘

事前準備

海帶芽≫放入水中浸泡使其膨脹，確實擠乾水分。

紅辣椒≫切圓片。

薑≫切碎。

做法

① 芝麻油倒入平底鍋中熱油，放入筍乾、紅辣椒和薑，拌炒至散發香氣。

② 加入海帶芽拌炒，等炒成鮮綠色，加入雞高湯粉拌炒均勻，關火。

Point
■ 薑絲下鍋後，油容易濺起，所以要趁油冷時放入薑絲，和筍乾一起拌炒。

12/13

蟹味棒焗烤杯

材料（2人份）

餃子皮…6張
蟹味棒…6根
洋蔥…½個
鹽、胡椒…少許
無鹽奶油…30克
麵粉…30克
牛奶…200毫升
法式清湯粉…½小匙
披薩用起司…適量
麵包粉…適量

魚
冷藏 2~3天
OK

事前準備

蟹味棒≫切細碎。
洋蔥≫切薄片。

做法

① 將蟹味棒、洋蔥、鹽和胡椒倒入耐熱容器中拌勻，包上保鮮膜，以微波爐600W加熱約1分30秒。
② 另取一個容器，放入奶油、麵粉，包上保鮮膜，以微波加熱約1分鐘，取出拌勻。
③ 將牛奶一點點地加入做法②中，每加入一點就拌勻成柔滑狀態，直到完全加入且拌勻，包上保鮮膜，以微波加熱約3分鐘。
④ 取出做法③，加入法式清湯粉拌勻，然後再以微波加熱約1分鐘，加入做法①混拌均勻。
⑤ 拿1張餃子皮，鋪入鋁箔杯中，舀入做法④，表面撒上披薩用起司、麵包粉，放入小烤箱烘烤5~10分鐘。

12/14

西式牛肉菇菇時雨煮

材料（2人份）

薄切牛肉片…150克
鴻喜菇…1包（100克）
金針菇…1包（100克）
酒…80毫升
砂糖…1大匙
蕃茄醬…2大匙
烏斯特黑醋…2大匙
黑胡椒…少許

肉
冷藏 2~3天
OK

事前準備

牛肉≫切成易入口大小。
鴻喜菇≫切掉根部，剝散。
金針菇≫切掉根部，長度切對半。

做法

① 將牛肉、酒倒入鍋中加熱，煮滾後撈除浮沫。
② 加入鴻喜菇、金針菇，煮至變軟。
③ 加入砂糖、蕃茄醬和烏斯特黑醋，煮至醬汁收乾，最後撒入黑胡椒即成。

食用時

可將煮好的料理移入乾淨的保存容器中，等溫度降至可用手觸摸時，再放入冰箱冷藏保存。

＊編註：時雨是忽下忽停的陣雨，所以時雨煮，是指短時間內即可烹煮完成的料理。

12/15

香味蔬菜淋醬水煮蛋

20分鐘

材料（容易製作的分量）

蛋…6個

A
- 大蔥…1根
- 薑…1片
- 蒜泥…1小匙
- 砂糖…1½大匙
- 醋…1大匙
- 醬油3大匙
- 韓國辣椒醬…½大匙
- 芝麻油…2大匙
- 炒熟白芝麻…1大匙
- 綜合堅果…15克

其他
冷藏 2~3天

事前準備

大蔥、薑≫切細碎。
綜合堅果≫敲細碎。

做法

① 水倒入鍋中煮滾，將從冰箱冷藏庫中取出的蛋，輕輕地放入滾水中，以中火煮6分30秒。
② 撈出蛋，放入冷水中浸泡，剝掉蛋殼，放入密封保鮮袋中。
③ 將材料A拌勻成汁液，倒入做法②中，讓所有蛋都能浸泡在汁液中。
④ 將保鮮袋中的空氣確實擠出，再次封緊袋口，放入冰箱冷藏，醃漬半天~1天即成。

Point
■ 綜合堅果是爲了增加口感而加入，依個人喜好，不加也沒關係。

12/16

簡易打拋鮪魚

15分鐘

材料（2人份）

罐頭鮪魚…2罐（140克）
洋蔥…½個
青椒…2個
紅甜椒…1個

A
- 雞高湯粉…1小匙
- 砂糖…1小匙
- 醬油…1小匙
- 蠔油…2小匙
- 芝麻油…1小匙
- 蒜泥…2瓣分量
- 魚露…1大匙

羅勒葉…6片

魚
冷藏 3~4天
OK

事前準備

罐頭鮪魚≫瀝掉油分。
洋蔥、青椒、紅甜椒≫切細碎。

做法

① 將鮪魚、洋蔥、青椒、紅甜椒和材料A倒入耐熱容器中混勻，鬆鬆地包上保鮮膜，以微波爐600W加熱4分鐘。
② 取下保鮮膜，倒入魚露後混拌均勻。
③ 將做法②放入保存容器中，等溫度降至可用手觸摸，撒上羅勒葉即成。

Point
■ 魚露經過加熱會喪失獨特的風味與香氣，所以建議最後再加入即可。
■ 欲食用前撕碎羅勒葉後加入，更能享用到清新的香氣。

12/17

味噌炒芝麻牛蒡與牛肉

⏱20分鐘

材料（2人份）

薄切牛肉片…150克
鹽、胡椒…少許
麵粉…適量
牛蒡…1根
蒜泥…1小匙
薑泥…1小匙

A
- 酒…1大匙
- 味醂…1大匙
- 砂糖…2½小匙
- 醬油…1小匙
- 調合味噌…1大匙

芝麻油…1大匙

肉
冷藏 2~3 天
OK

事前準備

牛肉≫先撒些許鹽、胡椒，再抹上麵粉。
牛蒡≫切4~5公分長段。

做法

① 將牛蒡放入盆中，鬆鬆地包上保鮮膜，以微波爐600W加熱4分鐘。
② 將做法①放入食用級塑膠袋中，用擀麵棍敲打。
③ 芝麻油倒入平底鍋中熱油，放入薑泥、蒜泥，以小火炒，待炒出香氣，加入牛肉，以中火翻炒。
④ 等牛肉顏色變白，加入做法②和材料A拌炒均勻即成。

Point
■ 牛蒡先敲打過，再劃上紋路，烹調後更易入味。

12/18

蜂蜜芥末馬鈴薯

⏱15分鐘

材料（2人份）

馬鈴薯…4個

A
- 酒…1大匙
- 醬油…1大匙
- 蜂蜜…1大匙
- 法式芥末籽醬…2大匙

橄欖油…2大匙

蔬菜
冷藏 2~3 天
OK

事前準備

馬鈴薯≫連皮切成4等分，放入容器中，鬆鬆地包上保鮮膜，以微波爐600W加熱5分鐘。

做法

① 橄欖油倒入平底鍋中熱油，放入馬鈴薯，不時將馬鈴薯翻面，煎至馬鈴薯都上色。
② 將馬鈴薯推到鍋邊，用廚房紙巾擦掉鍋面多餘的油分，加入材料A，燉煮至收汁且全部馬鈴薯都均勻沾附醬汁即成。

Point
■ 馬鈴薯切塊後面積增加，更能輕鬆沾附醬汁。

⏱25分鐘

12/19

超辣炒白蘿蔔絞肉

OK 微波 ｜ 冷藏2~3天 ｜ 肉

材料（2人份）

白蘿蔔⋯⋯400克
豬絞肉⋯⋯150克
薑⋯⋯1片
豆瓣醬⋯⋯½小匙
A
酒⋯⋯2大匙
砂糖⋯⋯½大匙
醬油⋯⋯1大匙
味噌⋯⋯2大匙
芝麻油⋯⋯1大匙

事前準備

白蘿蔔≫切滾刀塊。
薑≫切碎。
材料A≫混拌均勻。

做法

① 將白蘿蔔放入耐熱容器中，倒入可以蓋過白蘿蔔的水量，鬆鬆地包上保鮮膜，以微波爐600W加熱8～10分鐘。等竹籤可以直接刺過白蘿蔔，撈出白蘿蔔放在濾網上，瀝乾水分。

② 芝麻油倒入平底鍋中熱油，放入薑、豆瓣醬拌炒，待炒出香氣，加入豬絞肉，炒至呈肉燥狀。

③ 加入做法①迅速翻炒，續入材料A，翻炒至醬汁收乾即成。

Point

■ 將白蘿蔔加水先以微波爐煮熟，不僅醬汁易於滲透入味，而且可以縮短烹調時間。

■ 可以改用豬梅花肉或五花肉烹調，分量更豐盛。

12/20

自製韓國海苔風香鬆

15分鐘

材料（容易製作的分量）

燒海苔…4片
芝麻油…3大匙
辣油…1大匙
韓國辣椒醬…1小匙
綜合堅果…30克
炒熟白芝麻…1小匙
鹽…½小匙
砂糖…½小匙

飯
冷藏 2~3天
OK

事前準備

綜合堅果≫剁粗碎。

做法

① 將芝麻油、辣油和韓國辣椒醬倒入平底鍋中混拌均勻。
② 將燒海苔撕碎加入，以中火炒約5分鐘，至海苔變得酥脆。
③ 加入綜合堅果、白芝麻混拌均勻，置於一旁放涼。
④ 最後撒入鹽、砂糖混拌均勻即成。

Point
■ 也可以使用乾海苔製作這道香鬆。
■ 如果不敢吃辣的話，可以去掉辣油、韓國辣椒醬，僅用芝麻油製作即可。

12/21

韭蔥鮪魚米飯煎餅

15分鐘

材料（2人份）

米飯…250克
蛋…1個
韭蔥…20克
鮪魚罐頭…1罐
鰹魚風味調味料…2小匙
起司粉…1大匙
沙拉油…2大匙

飯
冷藏 2~3天
OK

事前準備

韭蔥≫切蔥花。

做法

① 將沙拉油之外的所有材料倒入盆中，混合拌勻成煎餅料。
② 沙拉油倒入平底鍋中熱油，取八分之一量的做法①，整型成圓餅形狀後排入鍋中，一個個排入鍋中，全部煎至兩面都呈金黃即成。

Point
■ 可依個人的喜好，更換不同的材料搭配製作。

食用時
欲食用時，可放入小烤箱中覆熱再享用。

12/22

脆脆蓮藕餃子

30分鐘

材料（2人份）

蓮藕…200克
豬絞肉…150克
高麗菜…3片
韭菜…½把
太白粉…適量

A
鹽、胡椒…少許
蒜泥…1小匙
薑泥…1小匙
酒…2小匙
醬油…2小匙
芝麻油…1小匙

酒…1大匙
芝麻油1大匙

事前準備

蓮藕»切0.5公分厚的半圓片，放入醋水（材料量之外）中浸泡約5分鐘。
高麗菜»切碎，撒入少許鹽（材料量之外）後搓揉，再以手擠乾水分。
韭菜»切碎。

蔬菜
冷藏
2~3
天
OK

做法

① 將絞肉、高麗菜、韭菜和材料A倒入盆中混合攪拌，直到產生黏性，即成餡料。
② 取1片蓮藕薄薄地抹上太白粉，放上做法①，再排上1片蓮藕後夾起，完成所有蓮藕餃子。
③ 芝麻油倒入平底鍋中熱油，排入做法②，煎至上色後翻面，倒入酒，以中小火燜煎約4分鐘。
④ 沿著鍋邊以畫圈方式淋入芝麻油（材料量之外）即成。

12/23

泰式鮮蝦冬粉沙拉

15分鐘

材料（2人份）

去頭蝦子…8尾
冬粉…80克
洋蔥…½個
胡蘿蔔…⅓根
小黃瓜…1根
鹽、胡椒…少許
酒…1小匙

A
砂糖…1大匙
雞高湯粉…1小匙
檸檬汁…2大匙
魚露…3大匙
紅辣椒（切圓片）…1小匙
蒜泥…½小匙

事前準備

去頭蝦子»以鹽（材料量之外）洗淨後剝殼，挑出背部的蝦腸。
洋蔥»切薄片，放入冷水中浸泡。
胡蘿蔔、小黃瓜»切絲。

魚
冷藏
2~3
天
OK

做法

① 在蝦子上撒些許鹽、胡椒和酒，包上保鮮膜，以微波爐600W加熱1分30秒。
② 將冬粉放入耐熱容器中，倒入可以蓋過冬粉的水量，包上保鮮膜，以微波爐600W加熱5分鐘，取出以濾網瀝乾。冬粉如果太長要剪短。
③ 將材料A倒入盆中拌勻，加入做法②、洋蔥、胡蘿蔔、小黃瓜和做法①，充分混勻即成。

Point
■ 冬粉依種類，用微波爐加熱的時間略有差異，所以加熱時，要視冬粉的狀況增減時間。

12/24

蕃茄醬馬鈴薯肉捲

OK 冷藏4~5天 肉

材料（2人份）

豬五花薄片…11片
鹽、胡椒…少許
市售冷凍馬鈴薯…100克
蕃茄醬…3大匙
法式清湯粉…1小匙
法式芥末籽醬…1大匙
沙拉油…1大匙

事前準備

豬肉≫撒上鹽、胡椒。

做法

① 取1片豬肉片鋪平，在靠近自己這端放上冷凍馬鈴薯後往前捲起（馬鈴薯不用解凍，直接操作即可）。
② 沙拉油倒入平底鍋中熱油，將做法①的肉捲接縫處朝下放入鍋中煎，等全部都煎上色後，蓋上鍋蓋，燜煎約2分鐘。
③ 加入蕃茄醬、法式清湯粉和芥末籽醬煮至濃稠收汁。可依個人喜好，加入巴西里碎增添香氣。

Point

■ 豬肉片捲馬鈴薯時，捲到底後，要用手壓緊以固定形狀，放入鍋中煎時才不會散開。

12/25

蕃茄煮章魚馬鈴薯

魚 | 冷藏 2~3天 | OK

材料（2人份）

水煮章魚腳…2根（300克）
馬鈴薯…3個（450克）
蕃茄罐頭（去皮整顆）…1罐（400克）
洋蔥…¼個（100克）
大蒜…1瓣
水…100毫升
砂糖…1小匙
月桂葉…1片
鹽、胡椒…少許
橄欖油…2大匙

事前準備

章魚≫切滾刀塊。
馬鈴薯≫切成一口大小，放入水中浸泡。
洋蔥、**大蒜**≫切碎。

做法

① 將馬鈴薯放入盆中，鬆鬆地包上保鮮膜，以微波爐600W加熱4~5分鐘。
② 橄欖油倒入平底鍋中熱油，放入大蒜拌炒，待炒出香氣後加入洋蔥拌炒，等洋蔥炒至透明，加入做法①迅速拌炒。
③ 蕃茄壓碎後加入，煮滾，再加入水、砂糖和月桂葉，蓋上鍋蓋，以中小火燉煮10~15分鐘。
④ 加入章魚，燉煮至醬汁收乾，最後加入鹽、胡椒調味即成。

12/26

土手煮風味蒟蒻油豆腐

其他 | 冷藏 2~3天 | OK

材料（2人份）

油豆腐…2塊
蒟蒻…1片
A
水…150毫升
酒…1大匙
味醂…2大匙
砂糖…2½大匙
醬油…1大匙
紅味噌…2大匙

事前準備

蒟蒻≫在表面劃格子狀紋路，再撕成一口大小，放入耐熱容器中，倒入可以蓋過蒟蒻的水量（材料量之外），包上保鮮膜，以微波爐600W加熱約2分鐘，撈出瀝乾水分。

做法

① 平底鍋燒熱，放入蒟蒻，乾煎約1分鐘。
② 油豆腐撕成和蒟蒻差不多大小，加入做法①中，倒入材料A煮滾，放入鍋內蓋壓在食材上，以中小火煮至醬汁收乾即成。

Point

■ 如果買不到紅味噌，可以改用調合味噌。
■ 用手撕蒟蒻和油豆腐，表面積增加，醬汁更容易滲透入味。

※編註：「土手鍋」是日本知名的鄉土料理，一般在鍋內四周如築堤般塗抹上味噌，再倒入高湯、食材享用。這裡的土手煮，則是以味噌燉煮烹調的料理。

12/27

中式蘿蔔絲乾美乃滋沙拉

15分鐘

材料（2人份）

蘿蔔絲乾…40克
火腿…3片
胡蘿蔔…½根
豆苗…¼包
A
日式美乃滋…1½大匙
醋…½大匙
薄口（淡口、淡色）醬油…1大匙
芝麻油…½大匙

蔬菜
冷藏 2~3 天
OK

事前準備

蘿蔔絲乾≫洗淨。
火腿≫切粗條。
胡蘿蔔≫切絲。
豆苗≫切掉根部，長度切3等分。
材料A≫混拌均勻。

做法

① 將蘿蔔絲乾放入盆中，倒入蘿蔔絲乾一半高度的溫水，不時稍微搓洗，泡水20～30分鐘使其膨脹，瀝乾水分。
② 將豆苗、胡蘿蔔放入耐熱容器中，鬆鬆地包上保鮮膜，以微波爐600W加熱2分鐘30秒。
③ 將做法①、②和火腿放入盆中，倒入材料A混拌均勻即成。

Point
■可依個人喜好加入炒熟白芝麻混拌，不僅能提升風味，更能吸掉多餘的水分。

@nonsuke__

12/28

西式醃蓮藕胡蘿蔔

15分鐘

材料（2人份）

蓮藕…½節（150克）
胡蘿蔔…½根（150克）
〈西式泡菜汁液〉
砂糖…3大匙
鹽…1小匙
醋…150毫升
水…100毫升
月桂葉…1片
紅辣椒…1根

蔬菜
冷藏 2~3 天
OK

事前準備

蓮藕、胡蘿蔔≫切成一口大小的滾刀塊，其中的蓮藕放入醋水（材料量之外）中浸泡。
紅辣椒≫去籽後切條。

做法

① 煮一鍋滾水，加入少許鹽（材料量之外），先放入胡蘿蔔煮約1分鐘，續入蓮藕煮約3分鐘，撈出放在濾網上放涼。
② 取一個小鍋，倒入西式泡菜汁液的所有材料開始煮，煮滾後離火，放涼至可用手觸摸的溫度。
③ 將做法①、②倒入消毒好的保存瓶中，蓋上瓶蓋，放入冰箱冷藏醃漬2～3小時即成。

Point
■蓮藕和胡蘿蔔烹煮的時間較短，可以保有清脆的口感。
■為了確保能裝入所有蔬菜食材，請選用適合尺寸的保存瓶。

12/29

大蒜醬油炒秋刀魚蓮藕

20分鐘

OK 冷藏 2~3天 魚

材料（2人份）

秋刀魚（片成3片）⋯2尾
鹽、胡椒⋯少許
麵粉⋯適量
蓮藕⋯100克
南瓜⋯80克
杏鮑菇⋯½包
蒜碎⋯1小匙
A 砂糖⋯1大匙
A 酒⋯1大匙
A 醬油⋯1大匙
沙拉油⋯1大匙

事前準備

秋刀魚≫片成3片（即上魚身、下魚身和中骨），每片都切成3等分，兩面都撒些許鹽、胡椒，再薄薄地抹上麵粉。

蓮藕≫切0.5公分厚的半圓片，放入醋水（材料量之外）中浸泡約5分鐘。

南瓜≫切0.5公分厚片。

杏鮑菇≫橫切對半，再切0.5公分寬。

材料A≫混拌均勻。

做法

① 沙拉油倒入平底鍋中熱油，加入蒜碎以小火拌炒，待炒出香氣後加入秋刀魚，以中火煎魚，等兩面都煎上色，取出備用。

② 將蓮藕、南瓜加入做法①的平底鍋中，煎至兩面都上色，然後加入杏鮑菇迅速拌炒。把秋刀魚放回鍋中，加入材料A，將食材均勻沾附醬汁。也可添加蔥花（蔥葉）享用。

⏱ 5 分鐘

12/30

醬油蔥醬料

冷藏 4 天

food 其他

材料(容易製作的分量)

大蔥…1根
薑…1片
A
蒜泥…1小匙
砂糖…2大匙
醋…40毫升
醬油…60毫升
蠔油…1大匙
炒熟白芝麻…1大匙
芝麻油…2大匙

事前準備

大蔥≫切細絲。
薑≫切絲。

做法

① 將大蔥、材料A放入保存容器中。
② 將所有食材混拌均勻即成。

Point

■ 使用刮絲器，就能輕鬆刮好蔥絲。
■ 如果喜歡吃辣的話，不妨加入辣油食用。

食用時

可以當成火鍋蘸料，或是放在豆腐上食用，變化不同的食用法，享用更多種美味。

12/31

捲捲培根漢堡排

OK（微波爐圖示） 冷藏 2～3天 肉

⏱25分鐘

材料（2人份）

豬牛混合絞肉…300克
洋蔥…½個
麵包粉…3大匙
牛奶…2大匙
A
— 蛋…1個
— 鹽…⅓小匙
— 黑胡椒…少許
培根片…4片
太白粉…適量
橄欖油…1大匙
蕃茄醬…2大匙
烏斯特黑醋…½大匙
披薩用起司…50克

事前準備

洋蔥≫切碎，以微波爐600W加熱約1分鐘，放涼。
麵包粉≫加入牛奶中浸泡。
培根≫縱向切對半，其中一面抹上太白粉。

做法

① 將絞肉、洋蔥、麵包粉和材料A放入盆中混合攪拌，摔打至產生黏性，分成8等分，整型成圓餅形。
② 把有抹太白粉的培根那一面當作內側，以內側將做法①整圈圍捲起來，肉捲接縫處用牙籤封好。
③ 橄欖油倒入平底鍋中熱油，排入做法②，將肉捲兩面以大火各煎1分鐘。蓋上鍋蓋，以小火燜煎約7分鐘。
④ 將蕃茄醬、烏斯特黑醋拌勻，塗抹在做法③上。
⑤ 鋪上披薩用起司，再蓋上鍋蓋，以小火加熱至起司融化。可依個人喜好撒上巴西里末享用。

Point

■ 攪拌肉餡時要充分拌至產生黏性，再以大火將肉捲兩面煎至上色，可鎖住肉汁不流失。

Column 小專欄12

可以搭配自家微波爐使用
瓦數對應簡易一覽表

當食譜上寫明的微波爐瓦數和自家的微波爐不同時怎麼辦？
沒關係，參考下面的簡易一覽表試試！

200W	500W	600W	700W	1000W
3 倍	1.2倍	基準	0.9倍	0.6倍
30秒	12秒	10秒	9 秒	6 秒
1 分鐘	24秒	20秒	18秒	12秒
1 分30秒	36秒	30秒	27秒	18秒
2 分鐘	48秒	40秒	36秒	24秒
2 分30秒	1 分鐘	50秒	45秒	30秒
3 分鐘	1 分10秒	1 分鐘	54秒	36秒
4 分30秒	1 分50秒	1 分30秒	1 分20秒	54秒
6 分鐘	2 分20秒	2 分鐘	1 分50秒	1 分10秒
9 分鐘	3 分40秒	3 分鐘	2 分40秒	1 分50秒
12分鐘	4 分50秒	4 分鐘	3 分40秒	2 分20秒
15分鐘	6 分鐘	5 分鐘	4 分30秒	3 分鐘
18分鐘	7 分10秒	6 分鐘	5 分20秒	3 分40秒

※ 變更替換時間只是大致的基準，實際需視食材的狀況，請依照實際使用的微波爐略做調整。

⚠ 微波爐烹調的注意事項

① 不可以使用琺瑯製容器、鋁杯

將常備菜放入琺瑯製容器保存很方便，但不可用來微波。此外，若用鋁杯盛裝料理冷凍保存，也不能直接取出後微波，要先把料理移到耐熱容器中再微波加熱。

② 要注意突然沸騰

微波加熱液體時，可能會發生突然沸騰的狀況。建議縮短加熱時間，選用寬瓶口容器，並且隨時留意食物狀態。加熱後先放置一下，不要立刻取出，避免燙傷。

③ 加熱蛋等有殼的食物時

微波加熱有外殼、薄膜的食物時，可能會爆裂。像生蛋，一定要剝殼後再微波。而水煮蛋或荷包蛋等也可能會爆裂，可以先用牙籤在蛋黃上戳幾個小洞再微波，比較安全。

キャベツとコーンの春巻き

Cook50231

365天365道！快手常備菜

便當菜、下飯菜、爽口小菜，冰箱保存，隨取隨吃

作者｜macaroni
翻譯｜陳文敏
美術完稿｜許維玲
編輯｜彭文怡
校對｜連玉瑩
企畫統籌｜李橘
總編輯｜莫少閒
出版者｜朱雀文化事業有限公司
地址｜台北市基隆路二段13-1號3樓
電話｜02-2345-3868
傳真｜02-2345-3828
e-mail｜redbook@ms26.hinet.net
網址｜http://redbook.com.tw
ISBN｜978-626-7064-66-5
初版一刷｜2023.09
定價｜480元
出版登記｜北市業字第1403號

國家圖書館出版品預行編目

365天365道！快手常備菜：便當菜、下飯菜、爽口小菜，冰箱保存，隨取隨吃 / macaroni著
-- 初版. --台北市：
朱雀文化，2023.09
面：公分（Cook50：231）
ISBN 978-626-7064-66-5（平裝）
1.CST：食譜

427.1　　112012639
